Mammifères des montagnes du sud-ouest et des mesas

Georges Olin

Writat

Cette édition parue en 2023

ISBN : 9789359250717

Publié par
Writat
email : info@writat.com

REMERCIEMENTS

Avec ce livret, comme avec *Mammifères des déserts du sud-ouest* , nous sommes redevables au Dr EL Cockrum , professeur adjoint de zoologie à l'Université de l'Arizona, qui a vérifié l'exactitude du manuscrit. Nous lui sommes également reconnaissants d'avoir formulé des suggestions et des critiques qui ont considérablement accru son intérêt.

L'écrivain tient également à exprimer sa gratitude à Ed Bierly dont les magnifiques illustrations ornent ces pages. C'est un talent auquel c'est un privilège d'être associé.

Enfin nos remerciements au rédacteur en chef et à son équipe. Ce n'est pas une tâche facile de combiner du texte avec des illustrations, ni de faire correspondre l'espace avec les caractères, mais cela a été fait avec émotion et précision.

Ensemble, nous espérons que vous approuverez nos efforts. Si grâce à ce livret vous comprenez mieux les mammifères qui partagent avec nous les grands espaces, ou si grâce à lui vous devenez conscient de l'urgence de préserver certaines de nos créatures sauvages (et de nos lieux sauvages), avant qu'elles ne soient trop tard; nous serons en effet bien récompensés.

INTRODUCTION

Limites géographiques

Le seul point aux États-Unis où quatre États se rejoignent est celui de l'Utah, du Colorado, de l'Arizona et du Nouveau-Mexique. Avec des parties adjacentes de la Californie, du Nevada et du Texas, ils contiennent tout notre désert du sud-ouest. L'Arizona et le Nouveau-Mexique en particulier sont connus comme des États désertiques et méritent pour la plupart cette appellation. Dispersées sur ce pays désertique, comme si elles étaient négligemment éparpillées par une main géante , se trouvent certaines des plus hautes et des plus belles montagnes de notre nation. Ils peuvent se présenter sous la forme de pics isolés magnifiques dans leur solitude, ou sous forme de courtes chaînes qui ne se prolongent que peu de temps avant de sombrer au niveau du désert. En revanche, c'est au Colorado que les montagnes Rocheuses atteignent leur plus grande hauteur avant de se confondre avec les hauts pays du Nouveau-Mexique, et tous les États mentionnés possèdent au moins une chaîne de grande taille.

Deux grandes autoroutes traversent cette zone d'Est en Ouest. L'US 66, « Mainstreet of America », passe par Albuquerque et Flagstaff jusqu'à Los Angeles ; plus au nord, l'US 50 serpente à travers les montagnes de Pueblo à Salt Lake City et se termine à San Francisco. Il est significatif qu'ils se rencontrent à Saint-Louis dans leur route vers l'est, et ici pour le moment nous nous écartons de la géographie vers l'histoire.

Vers l'ouest Ho

En 1800, Saint-Louis était une ville frontière agitée. Stratégiquement situé à l'endroit où le fleuve Missouri rencontre le Mississippi, c'était le point de départ de ces âmes robustes assez aventureuses pour abandonner le confort de la civilisation pour les périls inconnus de l'Occident. Saint-Louis était déjà l'un des centres mondiaux de la fourrure. La mode de l'époque imposait que les hommes portent des hauts-de-forme . Les plus beaux chapeaux étaient faits de fourrure de castor et aucun dandy qui se respectait ne pouvait se contenter de moins. Des équipes de piégeage remontèrent la rivière Missouri jusqu'aux montagnes du Montana à la recherche de peaux pour répondre à la demande.

Lorsque les animaux se sont raréfiés dans les zones plus accessibles, les trappeurs ont tourné leur attention vers les montagnes du Nouveau-Mexique et du Colorado. Les difficultés de la route terrestre, associées au danger d'attaque par des Indiens hostiles, décourageaient tous, sauf les plus robustes , d'une race robuste. Ces « hommes de la montagne », comme on les appelait désormais, voyageaient en petits groupes avec toute la furtivité et la ruse des Indiens eux-mêmes. Décharnés après des semaines de voyage à travers les plaines, ils purent se reposer quelques jours dans la colonie espagnole de Santa Fe avant de disparaître dans les montagnes. Au retour, ils pourraient visiter à nouveau le pueblo espagnol ou, avides de la vie nocturne de Saint-Louis, se diriger directement vers l'est à travers les prairies. Les autoroutes d'aujourd'hui, même si elles ne suivent pas directement leurs traces, les suivent certainement dans une large mesure.

On sait aujourd'hui peu de choses sur ces premiers aventuriers. Quelques récits écrits ont été imprimés, de maigres registres de leurs captures ont été notés, et ici et là des initiales grossières et des dates gravées sur les parois isolées des canyons attestent de leur passage. Leur conquête de l'Ouest est tombée dans l'oubli, mais elle doit être considérée comme le premier pas du progrès américain dans le Sud-Ouest.

Les montagnes comme réservoirs de faune

Le voyageur d'aujourd'hui parcourt des distances de plusieurs heures à travers ces mêmes itinéraires qui nécessitaient des semaines de labeur déchirant il y a un siècle. Alors qu'il roule avec aisance et aisance , il prend rarement le temps de réfléchir aux changements survenus depuis ces premiers jours. Les grands troupeaux de bisons et leurs meutes de loups ont disparu et à leur place, des bovins à face blanche paissent dans les plaines des prairies. Dans les contreforts, les pronghorns ont pris leur dernier combat. Des villes ont surgi sur les sites de camping des tribus nomades qui parcouraient toute la région située entre le fleuve Mississippi et les montagnes Rocheuses. Seules les montagnes semblent identiques.

En hiver, ces immenses chaînes forment une barrière contre les tempêtes qui arrivent du nord-ouest. Plus important encore : ces grands entrepôts de nos ressources naturelles qui, au début, ne signifiaient que de l'or et des fourrures, et peut-être une mort subite pour les pionniers, ont maintenant été libérés par leurs descendants. L'éclat de l'or et le glamour des fourrures pâlissent lorsqu'on les compare aux valeurs incalculables qui ont depuis été supprimées dans les métaux les plus vils et le bois d'œuvre. Cette phase aussi touche désormais à sa fin. Il devient évident que face à notre population toujours croissante, ces terrains de jeu naturels sont destinés à devenir un tampon contre les tensions que nous, en tant que l'un des peuples les plus civilisés du monde, subissons dans notre vie quotidienne. D'ici un siècle, ils représenteront l'une des rares opportunités restantes pour des millions d'Américains de se rapprocher de la nature. En tant que tel, le développement et la préservation appropriés des zones montagneuses et de leurs valeurs sont d'une importance vitale pour notre nation.

Les montagnes des États du sud-ouest ont été formées par trois agences majeures. Il s'agit, par ordre d'importance, du rétrécissement de l'intérieur de la Terre pour former des rides à la surface ; des failles, avec érosion ultérieure des surfaces exposées ; et l'action volcanique. La première méthode est responsable de la plupart des grandes chaînes, telles que les montagnes côtières de Californie et les montagnes Rocheuses. Les failles sont responsables de nombreuses zones de hauts plateaux où un côté peut être un rebord élevé ou une falaise et l'autre une pente en pente douce. Le Mogollon Rim, qui s'étend sur une partie de l'Arizona jusqu'au Nouveau-Mexique, est un exemple classique dans cette catégorie. L'action volcanique peut entraîner l'expulsion de grandes masses de roches ignées à travers des fissures à la surface de la Terre ou prendre la forme d'explosions violentes dans une zone relativement petite. Plusieurs régions montagneuses de l'Arizona et du Nouveau-Mexique sont couvertes d'immenses champs de lave extrudée. Capulin Mountain, au Nouveau-Mexique, est un exemple de volcan récent qui a construit un cône presque parfait de cendres et de lave. Moins visibles que les montagnes, mais néanmoins importants, sont les plateaux du sud-ouest. Ces mesas, trop hautes pour être typiques du désert, et dans la plupart des cas trop basses pour être considérées comme des montagnes, partagent les caractéristiques des deux.

Les « îles » désertes

Les montagnes du Sud-Ouest ont été comparées à des îles s'élevant au-dessus de la surface d'une mer désertique. Il s'agit d'une comparaison pertinente car non seulement ils diffèrent sensiblement du désert chaud et bas par le climat, mais également par la flore et la faune. Peu d'espèces de plantes ou d'animaux vivant à ces altitudes plus élevées pourraient survivre aux conditions du désert avec autant de succès que les animaux terrestres ne pourraient le faire en haute mer. Leur mort par chaleur et aridité ne serait que plus prolongée que celle par noyade. Ainsi, certaines espèces isolées au sommet des montagnes ont souvent une aire de répartition aussi restreinte que si elles étaient réellement entourées d'eau. Parfois, cela se traduit par une adaptation si frappante aux conditions locales que certaines espèces communes deviennent à peine reconnaissables. Il s'agit cependant d'une exception à la règle ; la plupart des animaux présentés dans ce livre appartiennent soit à la même espèce que ceux des États du Nord, soit sont si étroitement apparentés qu'ils sembleront identiques à l'observateur occasionnel. Les conditions qui permettent à ces espèces habituellement associées aux plaines enneigées du Midwest et aux forêts de conifères du Nord de vivre dans le chaud Sud-Ouest sont provoquées directement ou indirectement par l'altitude.

Zones de vie

Il y a dans ce noyau de quatre États un total de six zones de vie (voir la carte à la [page x](page_x)). Les deux zones les plus basses, les zones de vie inférieure et supérieure de Sonora, s'étendent du niveau de la mer à une altitude maximale d'environ 7 000 pieds. Ces deux éléments ont été abordés dans le livre « Mammifères des déserts du sud-ouest ». Les quatre zones de vie restantes – Zones de transition, canadienne, hudsonienne et alpine – fourniront la matière de ce livre. Les noms de ces zones sont explicites , car ils décrivent les régions dont ils se rapprochent des climats. Contrairement aux deux zones de vie du désert, qui se confondent presque imperceptiblement, ces zones supérieures sont plus nettement définies. Ils peuvent souvent être identifiés à grande distance grâce à leur croissance végétale distinctive. Il convient de noter que les espèces végétales sont encore plus sensibles aux facteurs environnementaux que les animaux et sont limitées à des zones bien définies dans les températures et humidités extrêmes les mieux adaptées à leurs besoins individuels. Ainsi , chaque zone de vie a ses espèces végétales typiques, et comme les animaux dépendent à leur tour de certaines plantes pour se nourrir ou se couvrir, on peut souvent prédire que de nombreuses espèces se trouveront dans une zone individuelle.

La zone de vie de transition dans le sud-ouest se situe généralement à une altitude comprise entre 7 000 et 8 000 pieds. Il englobe le passage des arbres et arbustes bas du désert ouvert aux forêts denses des altitudes plus élevées. Il se caractérise par des forêts ouvertes de pins ponderosa généralement entremêlées de bosquets épars de chênes Gambel . Ces arbres sont d'un vert plus brillant que celui des arbres du désert, mais ne peuvent se comparer à la couleur plus foncée des sapins qui poussent à une altitude plus élevée.

La zone de vie canadienne commence à une altitude d'environ 8 000 pieds et s'étend jusqu'à environ 9 500 pieds. Le Douglas taxifolié doit être considéré comme l'espèce la plus remarquable de cette zone, bien que la brillante couleur automnale du peuplier faux-tremble permette une identification plus spectaculaire de cette zone à l'automne. Pendant les mois d'hiver, lorsque cet arbre a perdu ses feuilles, les bosquets apparaissent sous forme de taches grises parmi les sapins vert foncé. À cette altitude, il y a beaucoup de neige en hiver et de fortes précipitations en été. Dans ces conditions favorables, on assiste généralement à une exposition colorée de fleurs sauvages à la fin du printemps.

La zone de vie hudsonienne est marquée par une diminution notable du nombre d'espèces végétales. A cette altitude (9 500 à 11 500 pieds), les hivers sont rigoureux et les étés de courte durée. C'est la zone de sapins blancs qui pousse haut et mince afin de mieux se débarrasser de son fardeau saisonnier de neige et de grésil. Dans les endroits les plus abrités, l'épicéa trouve un habitat adapté à ses besoins. Près de la limite supérieure de la zone de vie hudsonienne, les arbres deviennent rabougris et déformés et finissent par disparaître complètement. C'est la limite forestière ; le début de la zone de vie alpine, ou comme on l'appelle souvent, la zone de vie arctique-alpine.

Voici un monde de roche stérile et de froid mordant. À 12 000 pieds et au-dessus, les neiges éternelles s'étendent profondément sur les sommets. Pourtant, même si à première vue il semble y avoir peu de traces de vie, un examen attentif révélera des plantes basses ressemblant à des tapis poussant parmi les roches exposées et de minuscules chemins menant à des terriers dans les éboulements rocheux. Parmi les plus grands mammifères, rares sont ceux qui, à l'exception du mouflon des montagnes, peuvent supporter les rigueurs de cette région inhospitalière.

Ce sont les zones des hautes terres du sud-ouest. Les altitudes indiquées sont approximatives et s'appliquent à des chaînes de montagnes telles que les pics de San Francisco en Arizona et les montagnes Sangre de Cristo au Nouveau-Mexique. À mesure que l'on avance vers le nord, les zones descendent de plus en plus bas jusqu'à ce que, dans l'Extrême-Nord, la zone de vie arctique-alpine se retrouve au niveau de la mer. Étant donné que le climat, plus que tout autre facteur, détermine les types de plantes et d'animaux qui peuvent vivre dans une zone donnée, il est tout à fait naturel que sur ces îles montagneuses se trouvent de nombreuses espèces totalement étrangères aux déserts environnants. Bien qu'il semblerait qu'en raison de l'abondance relative de l'eau à des altitudes plus élevées, les espèces des hautes terres bénéficieraient d'un meilleur environnement, ce n'est pas entièrement vrai. Cet avantage est contrebalancé par des hivers rigoureux qui, en plus des températures glaciales, ouvrent la voie à une période de neige profonde et de famine. Même si de nombreuses espèces font preuve d'un haut degré d'adaptation à ces conditions, un hiver particulièrement long ou froid entraînera la mort des individus les plus faibles.

L'homme et le désert

Les effets de la présence humaine sur les espèces des hautes terres ne sont peut-être pas aussi graves que sur celles du désert. Même s'il a contribué à bouleverser l'équilibre de la nature partout dans le monde, c'est principalement par le biais de l'agriculture et du pâturage. En raison du caractère rude et accidenté d'une grande partie des hautes terres du sud-ouest, la première est impossible dans de nombreux cas et la seconde n'est que partiellement réussie. Il existe cependant d'autres facteurs qui menacent l'avenir des espèces de montagne. Parmi ceux-ci figurent : les pressions de chasse, le contrôle des prédateurs et l'exploitation forestière. Même la lutte contre les incendies, aussi admirable soit-elle pour les besoins humains, perturbe les longs cycles qui font partie intégrante de la succession végétale et animale dans les zones forestières. Ce ne sont là que quelques-uns des moyens par lesquels l'homme décime, délibérément ou inconsciemment, la population animale. Ils visent à rappeler qu'à moins que la conservation et la science ne coopèrent pour résoudre les problèmes de gestion, il est concevable qu'un grand nombre de nos espèces communes puissent disparaître au cours des 100 prochaines années. Nos ressources naturelles sont notre patrimoine ; ne gaspillons pas la substance de notre confiance.

À mesure que nos zones de nature sauvage rétrécissent, il semble que nos populations s'intéressent progressivement davantage, non seulement au bien-être de nos espèces indigènes, mais également à leurs habitudes. Ce type de curiosité est de bon augure pour l'avenir de nos créatures sauvages restantes. Autrefois, l'intérêt pour les mammifères se limitait principalement aux sportifs qui savaient souvent où trouver le gibier et comment le poursuivre. Leur intérêt se terminait généralement par le tir qui faisait tomber la proie. Aujourd'hui, de nombreuses personnes ont découvert que l'étude des habitudes de n'importe quel animal dans son habitat d'origine constitue un passe-temps fascinant en plein air dans un domaine pratiquement intact. Avec de la patience et une attention aux détails, le profane découvrira occasionnellement des faits sur la vie quotidienne de certaines espèces communes qui ont échappé à l'attention de nos plus grands naturalistes. Il ne s'agit pas d'une critique de l'approche scientifique. Il est recommandé que, pour son propre bénéfice, l'amateur de nature apprenne quelques principes fondamentaux de la zoologie, en particulier la classification et la taxonomie, c'est-à-dire le regroupement et la dénomination des espèces.

Classification des animaux

La classification des animaux est facile à comprendre. En bref, ils sont divisés en grands groupes appelés *ordres* . Ceux-ci sont ensuite divisés en *genres* , et les genres contiennent à leur tour une ou plusieurs *espèces* .

Les noms scientifiques des animaux sont toujours donnés en latin. Rédigés dans ce langage universel, ils sont intelligibles à tous les scientifiques, quelle que soit leur nationalité. C'est une erreur de les éviter car ils sont encombrants et peu familiers à l'œil nu. Ils révèlent généralement des caractéristiques importantes de l'animal qu'ils représentent. C'est leur véritable fonction ; il semble à cet auteur que c'est une erreur de donner à un animal le nom d'un lieu géographique ou d'une personne, bien que cela soit fréquent. Les traductions littérales de noms spécifiques dans ce livre illustreront ce point. Voyez combien plus intéressants et combien plus faciles à retenir sont ces noms qui décrivent les habitudes ou les attributs physiques de la créature.

Les espèces décrites ici ne sont qu'une partie des espèces indigènes des hautes terres du sud-ouest. Ceux qui ont été choisis l'ont été parce qu'ils sont soit courants, soit rares, soit particulièrement intéressants. Collectivement, ils constituent un échantillon représentatif des mammifères qui vivent au-dessus des déserts du sud-ouest.

Pour plus d'informations sur ces mammifères et sur d'autres mammifères de la région, voir la liste de références à <u>la page 123</u>
.

ANIMAUX ONGUILLÉS
Artiodactyles
(animaux à sabots égaux)

Cet ordre comprend tous les animaux ongulés originaires des États-Unis. Ce sont les mammifères dont on parle habituellement sous le nom d'« animaux à sabots fendus ». Un groupe à doigts impairs (*Perissodactyla*), qui comprend les chevaux dits sauvages et les burros, ne peut pas proprement être inclus comme indigène puisque ces animaux ne remontent qu'à l'époque de la conquête espagnole de notre sud-ouest. Aux époques géologiques antérieures, les chevaux parcouraient ce continent, mais sous des formes plus primitives que celles que l'on trouve aujourd'hui dans d'autres parties du monde.

Grâce à une étude des formes fossiles, il a été déterminé que nos animaux ongulés actuels ont évolué à partir de créatures qui vivaient aux abords des grands marécages tropicaux qui couvraient autrefois de vastes zones de nos terres émergées actuelles. Ils avaient de longues jambes et des pieds évasés, bien adaptés à un environnement de boue profonde et de végétation luxuriante. Au fur et à mesure que les eaux disparaissaient et que les animaux étaient contraints de regagner la terre ferme, leurs étranges pattes subirent une lente transformation. Parce qu'ils avaient pris l'habitude de marcher sur la pointe des pieds pour éviter la boue, le premier orteil ne touchait pas du tout la terre ferme dans ce nouvel environnement. Comme il ne servait à rien, il disparut bientôt complètement ou devint un vestige. Certaines espèces ont développé un pied divisé dans lequel les deuxième et troisième orteils ainsi que les quatrième et cinquième orteils se combinaient respectivement pour supporter le poids de l'animal. Finalement, les troisième et quatrième orteils ont assumé seuls cette responsabilité, et les deuxième et cinquième orteils sont devenus des ergots de rosée. Ce sont les animaux à sabots fendus d'aujourd'hui. Chez d'autres espèces, le troisième orteil a été développé pour supporter le poids, ce qui a abouti à un groupe à un seul orteil dont le cheval est un exemple. Dans tous les cas, une énorme modification des ongles ou des griffes dont sont équipés la plupart des animaux a abouti à la création de cette enveloppe protectrice appelée sabot. La surface inférieure du pied est un peu plus douce et correspond au coussinet lourd qui protège le bas de l'orteil d'un chien. Cette brève explication ne fait référence qu'au sens le plus large à l'ordre tel qu'il est représenté aux États-Unis. Les pieds des différentes espèces sont devenus si spécialisés en fonction de leurs modes de vie distincts qu'un individu peut généralement être facilement identifié par ses seules traces. Il est fort possible que de nombreuses espèces subissent encore de subtils changements à cet égard.

À une seule exception près, les animaux aux sabots fendus de nos montagnes du sud-ouest portent soit des cornes, soit des bois. L'exception est le pécari à collier, « javelina » (*pecari tajacu*) qui, pendant la chaleur de l'été, monte parfois vers la zone de vie de transition dans le sud de l'Arizona et le sud-ouest du Nouveau-Mexique. Essentiellement animal du bas désert, il ne sera pas inclus dans cet ouvrage. Les espèces qui ont des cornes creuses et permanentes sont le mouflon d'Amérique et l'antilope d'Amérique. L'antilope d'Amérique se distingue par la perte des gaines de ses cornes chaque année, mais le noyau osseux creux reste intact. Dans ce groupe, les deux sexes portent des cornes. Les animaux portant des bois sont le wapiti et le cerf. Les bois sont caduques et tombent chaque année à peu près en même temps que le pelage d'hiver. Seuls les mâles de ces espèces possèdent des bois, toute femelle portant des bois peut être considérée comme anormale.

Le Sud-Ouest a la chance de posséder encore un certain nombre d'espèces de cet ordre originaires des États-Unis. Le bison peut difficilement être considéré comme une espèce sauvage, puisqu'il n'existe désormais que grâce aux efforts de quelques défenseurs de l'environnement qui l'ont sauvé d'une quasi-extinction. Les chèvres de montagne, les caribous et les élans sont les seules autres espèces qui ne vivent pas dans le Sud-Ouest.

Dans l'équilibre naturel, l'ordre *des Artiodactyles* semble avoir été destiné à servir de nourriture aux grands prédateurs. Leur protection contre les mangeurs de chair consiste principalement en la rapidité des pieds, une ouïe fine et un large champ de vision, comme en témoignent les grands yeux placés sur les côtés de la tête. Ils sont mal équipés pour résister activement aux attaques des plus grands carnivores. Leur meilleure défense est la fuite.

Bighorn (mouton de montagne)
Ovis canadensis (latin : un mouton du Canada)

RÉPARTITION : Cette espèce, avec ses plusieurs variétés, habite la majeure partie des régions montagneuses de l'ouest des États-

Unis. Au Mexique, on le trouve dans le nord de la Sierra Madres et sur presque toute la longueur de la Basse-Californie.

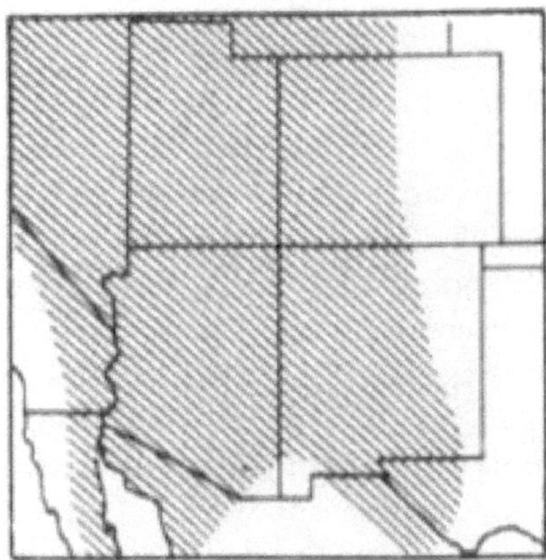

HABITAT : Parmi ou à proximité des endroits les plus escarpés des montagnes.

DESCRIPTION : Animal trapu, plutôt grand, aux cornes lourdes et recourbées. Longueur totale du mâle adulte 5 pieds. Queue d'environ 5 pouces. Poids jusqu'à 275 livres. Couleur générale : gris foncé à brun avec des zones plus claires sous le ventre et à l'intérieur des pattes. La partie croupe est beaucoup plus légère que toute autre partie du corps ; dans la plupart des cas, il peut être décrit comme blanc. Les femelles ressemblent aux mâles, sauf qu'elles sont plus petites et que leurs cornes sont beaucoup plus courtes et plus minces. Jeunes, un ou deux, les jumeaux étant courants.

Si intéressantes que soient les variétés désertiques de cette espèce dans leur adaptation à un environnement qui semble étranger à leur nature, elles ne peuvent se comparer à l'animal de haute montagne. Vu sur fond d'une grande falaise grise ou se découpant sur l'horizon d'une crête enneigée, le mouflon d'Amérique a une magnificence passionnante. En vol, il est encore plus spectaculaire puisqu'il bondit d'un plateau étroit à l'autre dans une incroyable démonstration de pied sûr. Pourtant, cette grâce aérienne est manifestée par un gros animal qui pèse souvent bien plus de 200 livres. Le secret réside dans les sabots spécialement adaptés avec des fonds qui s'accrochent aux surfaces lisses comme le caoutchouc crêpe et des bords qui coupent la neige et la glace ou prennent prise sur les plus petites projections des rochers. Les pattes et le corps, bien que lourds, sont bien proportionnés et si extrêmement bien musclés que, quelles que soient les exigences qui leur sont imposées, ce mouton semble disposer d'une réserve de puissance confortable. Sans doute l'étalage d'une coordination complète ajoute-t-il à l'illusion de la facilité avec laquelle il monte jusqu'aux endroits les plus inaccessibles. Les descentes sont souvent encore plus spectaculaires, l'animal hésitant rarement à faire des sauts verticaux de 15 pieds ou plus d'un rebord étroit à un autre.

Grosse corne

Dans les hautes montagnes où ce mouton préfère s'établir, il se situe généralement à proximité ou au-dessus de la limite forestière. Lors des tempêtes hivernales, il peut parfois être contraint de se réfugier à l'abri des forêts, mais dès que les conditions le justifient, il retourne dans son monde de roches arides et de neige. Ici, avec une vue dégagée, ses yeux perçants peuvent repérer les mouvements furtifs du lion de montagne, le seul mammifère prédateur capable de faire une sérieuse incursion dans sa population. Il a peu d'autres ennemis naturels. Un aigle royal peut parfois frapper un agneau et le faire tomber d'un rebord, ou un lynx roux ou un lynx de grande taille peut avoir la chance d'en arracher un très jeune à sa mère, mais ce sont des événements rares.

Les mouflons dépendent principalement du broutage pour se nourrir. C'est tout à fait naturel car dans les hautes altitudes, ils fréquentent peu d'herbe. Cependant, on trouve généralement une certaine abondance d'arbustes bas poussant dans les crevasses des rochers, et bon nombre de petites plantes annuelles sont également recherchées pendant la courte saison estivale. Parfois, une crique abritée située à l'exposition sud d'une montagne se remplit d'arbustes tels que la symphorine, et les moutons profitent pleinement de ces situations. En règle générale , ils se nourrissent bien car, aussi maigre soit-il, il y a peu de concurrents pour l'approvisionnement alimentaire au-dessus de la limite forestière.

J'ai observé ces moutons à plusieurs reprises dans les Rocheuses. Mon expérience la plus mémorable avec cette espèce a peut-être eu lieu sur le mont Cochran, dans le sud du Montana. C'était une journée grise et venteuse de septembre, avec des averses de neige occasionnelles balayant les sommets. Sur l'exposition orientale de la montagne, une pente raide de roches glissantes s'étendait sur environ 1 000 pieds depuis l'une des crêtes supérieures jusqu'à la limite des arbres. Ne m'attendant pas à voir du gibier à cette altitude, j'ai gravi cette pente sans aucun effort pour me taire. Au cours de ma progression, plusieurs roches ont été délogées et sont tombées sur la masse d'éboulis. Au sommet de la crête, un escarpement bas constituait un brise-vent commode contre le vent qui déchirait les nuages en lambeaux alors qu'ils remontaient la pente opposée, et je m'assis pour reprendre mon souffle avant d'entrer dans toute sa force. Alors que j'étais assis là, observant la scène qui s'étendait en contrebas, mon attention fut attirée par une toux faible à proximité. En regardant vers la gauche, à environ 40 pieds de moi et 15 pieds au-dessus de moi, j'ai vu deux magnifiques béliers debout sur une pointe en saillie et me regardant. Ils ne semblaient avoir aucune crainte ; ils manifestaient plutôt une profonde curiosité quant à l'étrange animal qui avait erré dans leur domaine. Pendant près d'une demi- heure , j'osais à peine respirer, de peur de les effrayer. Au début , ils me regardaient fixement, poussant de temps en temps une toux sourde et reniflant et tapant du pied. Puis, comme je ne bougeais pas, ils se retournaient et changeaient de position, jetant parfois un long regard sur les montagnes avant de ramener leur attention. Finalement , quand le froid eut pénétré jusqu'à mes os, je me levai. Ils s'éloignèrent en un éclair, réapparaissant de derrière leur point d'observation, suivis de deux brebis et d'un agneau presque adulte. Pendant que je les regardais, ils se précipitèrent vers une falaise abrupte qui s'élevait jusqu'au sommet et, avec une vitesse à peine ralentie, bondirent sur sa face jusqu'à ce qu'ils se perdent dans les nuages.

Bien que cela se soit produit en 1928, l'expérience est aussi vivante dans mon esprit que si elle s'était produite hier. La caractéristique la plus frappante des mouflons observés à cette distance est peut-être leurs yeux. Ils pourraient être décrits comme un ambre clair et doré avec une longue pupille ovale et noire veloutée. Crédités de vision télescopique, ils doivent être parmi les yeux les plus utiles et les plus beaux du règne animal.

Pronghorn (antilope)
Antilocapra americana **(latin : antilope et chèvre, américaine)**

RÉPARTITION : Ouest du Texas, est du Colorado et centre du Wyoming jusqu'au sud de la Californie et à l'ouest du Nevada, et du sud de la Saskatchewan jusqu'au nord du Mexique.

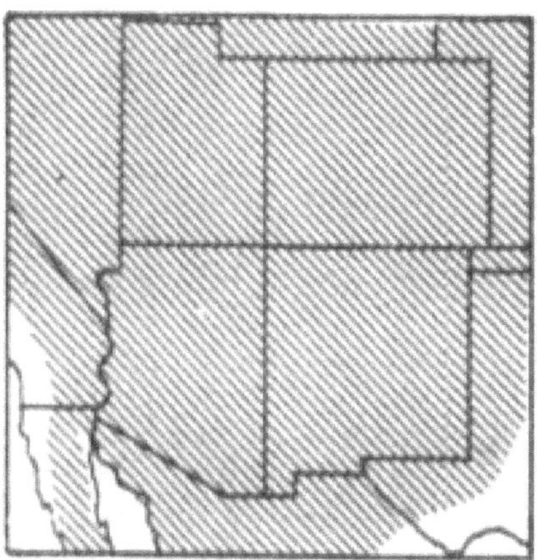

HABITAT : Prairies de mesas et prairies, principalement dans la zone du Haut Sonora.

DESCRIPTION : Un animal de couleur blanche et feu, considérablement plus petit qu'un cerf ; cornes avec une seule broche plate courbée vers l'avant. Longueur totale environ 4 pieds. Queue d'environ 6 pouces. Poids moyen 100 à 125 livres.

Couleur, beige ou noir, passant au blanc sous le ventre et à l'intérieur des pattes. Deux bandes blanches bien visibles sous le cou et la grande tache blanche de poils érectiles sur le croupion ne ressemblent en rien aux marques de tout autre animal indigène. Une crinière courte et raide de poils foncés suit la nuque, des oreilles aux épaules. Sabots noirs, cornes également noires à l'exception des pointes claires sur celles des mâles plus âgés. Les deux sexes sont cornus. Jeunes, généralement deux, nés en mai.

antilope

Les antilopes sont uniques parmi les animaux à sabots fendus du sud-ouest. Il n'existe qu'une seule espèce, avec plusieurs sous-espèces ; une variété *mexicana* , autrefois commune le long de la frontière mexicaine, est considérée comme éteinte dans ce pays.

L'antilope d'Amérique n'a pas de « griffes de rosée » comme la plupart des autres animaux aux sabots divisés. Il a des noyaux osseux permanents dans ses cornes mais perd les gaines externes chaque année. Lorsque celles-ci tombent, les gaines suivantes sont déjà bien développées. Bien qu'au début ces nouvelles gaines soient douces et couvertes d'une rare croissance de poils courts et raides, correspondant au velours des animaux à bois, il ne leur faut pas longtemps pour durcir et devenir des armes dangereuses. Ils atteignent leur plein développement à peu près au moment du rut ; On sait que les mâles se battent jusqu'à la mort lors des affrontements sauvages qui éclatent à cette époque.

S'il n'y avait pas ses cornes inhabituelles, l'antilope d'Amérique serait probablement connue sous un nom commun tel que celui d'antilope à queue blanche, car la belle tache blanche à croupion est sans aucun doute sa deuxième caractéristique la plus remarquable. Cependant, au moins deux autres animaux ont été nommés « antilopes » parce que leurs postérieurs présentent une certaine similitude. Il s'agit du spermophile à queue blanche et du lièvre antilope de la zone de vie de Sonora. Le spermophile (*Citellus leucurus*) a simplement une surface ventrale blanche sur sa queue qui peut ou non agir comme un signal clignotant lorsqu'il est retourné, mais le lièvre antilope (*Lepus alleri*) a une croupe qui présente une ressemblance frappante avec celle de l'antilope, tant en apparence qu'en manière. utile. Dans les deux cas, les taches sur le croupion sont composées de longs poils blancs érectiles qui se dressent lorsque l'animal est alarmé. En vol, on pense qu'ils agissent comme des signaux d'avertissement ; en tout cas, ils sont très efficaces pour attirer l'attention, et dans les plaines ouvertes, les pronghorns peuvent être vus à une distance où le reste de l'animal est indiscernable. Il se pourrait bien, en revanche, que cet ornement tape-à-l'œil soit destiné à attirer l'attention d'un ennemi et à le conduire à la poursuite d'un individu adulte plutôt que de lui permettre de découvrir les jeunes sans défense. Aucun des deux animaux ne peut être égalé en vitesse sur un terrain plat par un prédateur indigène à quatre pattes.

Autrefois, l'antilope d'Amérique vivait habituellement dans les vallées et les prairies. Dans le sud-ouest, il parcourait une grande partie des zones de vie du haut et du bas Sonora, partout où l'on pouvait trouver de l'herbe et des herbages appropriés. Dans les prairies du Midwest, des bandes d'antilopes d'Amérique paissaient à proximité des troupeaux de buffles. Au milieu du siècle dernier , c'était le seul animal dont le nombre approchait même celui de ce dernier. Plus adaptable que le buffle, il a reculé devant les progrès de la civilisation et s'est étendu sur de nouveaux territoires accidentés et accidentés, impropres à l'agriculture. En règle générale, ce chiffre est bien supérieur à son ancienne fourchette. Les antilopes d'Amérique ne se trouvent plus dans la zone de vie du bas Sonora, sauf sous forme de petites bandes introduites plus au nord. La plus grande population se situe désormais dans les parties supérieures du Haut Sonora et le long de la frange inférieure de la zone de vie en transition. L'animal a toujours été considéré dans une certaine mesure comme migrateur car il se déplaçait des aires d'été des mesa vers la protection des vallées plus chaudes pendant les mois d'hiver. Cette habitude est encore plus prononcée au fil des années, aux niveaux supérieurs où elle habite actuellement. Ces créatures minces aux longues pattes sont pratiquement impuissantes dans la neige profonde et l'évitent autant que possible. On sait même qu'ils se mêlent au bétail et se joignent à eux aux râteliers à nourriture pendant les hivers rigoureux, une indication du besoin extrême auquel les pronghorns timides sont parfois réduits.

Ce sont essentiellement des animaux au pâturage. Autrefois, ils mangeaient des graminées des prairies pendant l'été ; en hiver, ces mêmes graminées donnaient un excellent foin qui perdait peu en nourriture après avoir séché sur les racines. De plus, ils mangeaient des herbes basses et grignotaient les feuilles, les bourgeons et les fruits des arbustes qui poussaient le long des cours d'eau. Aujourd'hui, leur alimentation est à peu près la même, sauf que dans les nombreuses régions où ils subissent la concurrence du bétail en parcours , ils ont sans doute recours à davantage de pâturages qu'auparavant.

Les ennemis naturels de l'antilope d'Amérique sont légion, leur succès indifférent. Tous les grands carnivores saisiront l'occasion d'en prendre un, et même l'aigle royal est connu pour les tuer. Les déprédations les plus graves sont commises sur les petits trop petits pour suivre la mère. Cependant, ces attaques sont pleines de dangers, car les femelles sont très courageuses pour défendre leurs petits et parfois plusieurs se joignent pour mettre en déroute un ennemi. En plus de cette protection que leur accordent les membres adultes de la bande, les jeunes possèdent un camouflage presque parfait dans leur pelage uni qui se marie si bien avec la couleur de l'herbe dans laquelle ils se cachent habituellement. En raison de leur rapidité, peu d'adultes deviennent la proie des prédateurs. De nombreuses tentatives ont été faites pour mesurer la vitesse de l'antilope d'Amérique en plein vol, mais les estimations varient considérablement. Bien qu'un cheval rapide puisse en suivre un sur un terrain lisse et plat, il est rapidement distancé sur un sol pierreux ou dans un terrain accidenté.

bébé pronghorn

Bison (buffle)
Bison bison (nom teutonique donné à cet animal)

RÉPARTITION : À l'heure actuelle, les bisons n'existent que dans des sanctuaires très dispersés. À l'époque coloniale, ils s'étendaient du sud de l'Alaska aux plaines du Texas, des montagnes Rocheuses à l'Atlantique et aussi loin au sud que la Géorgie. Ils sont connus à des époques historiques dans l'Utah, le Colorado et le Nouveau-Mexique.

HABITAT : Principalement prairies ; un nombre relativement restreint de bisons, connus localement sous le nom de « bisons des bois », vivaient à la lisière des forêts.

DESCRIPTION : Bien que les bisons soient familiers à presque tout le monde, certains chiffres sur les poids et les dimensions peuvent surprendre. Les taureaux pèsent jusqu'à 1 800 livres, atteignent 6 pieds de hauteur au niveau des épaules et jusqu'à 11 pieds de longueur, dont environ 2 pieds sont la queue courte. Les vaches sont en moyenne beaucoup plus petites, de 800 à 1 000 livres, et mesurent rarement plus de 7 pieds de long. Les deux sexes ont des cornes lourdes, noires, fortement courbées, se rétrécissant rapidement jusqu'à une pointe, et une forte croissance de poils laineux couvrant la majeure partie de la tête et de l'avant-train. Une grosse bosse recouvre ce dernier et descend brusquement jusqu'au cou. La tête est massive, les cornes largement espacées et les petits yeux bien écartés. Une lourde « barbiche » se balance depuis la mâchoire inférieure. Toutes ces caractéristiques se combinent pour donner à l'animal une apparence des plus lourdes. Néanmoins, les bisons sont étonnamment agiles et ne sont pas des créatures avec lesquelles il faut jouer à la légère, surtout pendant la saison de reproduction, lorsque les taureaux chargent sans aucune provocation. Comme la plupart des bovins sauvages, les bisons ne donnent normalement naissance qu'à un seul veau par an. Les jumeaux sont rares.

L'histoire du bison est unique dans les annales de la mammifèrerie américaine. Cela repose sur des considérations économiques simples, reflétant le transfert des Prairies occidentales du contrôle indien aux Blancs. Il s'agit d'une histoire pitoyablement courte dans ses dernières étapes, qui n'a nécessité que 50 ans pour conduire une espèce massive, qui se compte par millions, d'une existence bien équilibrée à une quasi-extinction. Pourtant, compte tenu de la nature de la civilisation et du progrès, il ne pouvait y avoir d'autre fin, alors il est peut-être bien que cela se soit rapidement terminé.

Pendant d'innombrables siècles, les bisons parcouraient les prairies, leurs migrations saisonnières créant des tourbillons dans les grands troupeaux qui obscurcissaient les plaines. Ils étaient l'hôte de l'Indien et du loup gris, mais ils étaient si bien adaptés à leur vie que ces déprédations n'étaient qu'une atteinte normale à leur nombre. Ils dérivaient au gré des saisons et des cycles climatiques, broutant les herbes nutritives de la prairie. Météo et approvisionnement alimentaire ; ce furent les principaux facteurs qui contrôlèrent la population de « buffles » jusqu'à l'arrivée de l'homme blanc.

On pense que le premier homme blanc à avoir vu un bison d'Amérique fut Cortez, qui en 1521 a parlé d'un tel animal dans la collection d'animaux de Montezuma. Cette ménagerie était conservée dans la capitale aztèque, sur le site de l'actuelle ville de Mexico. Là, le bison était une espèce exotique, à des centaines de kilomètres au sud de son aire de répartition. En 1540, Coronado a découvert les Indiens Zuni dans le nord du Nouveau-Mexique en utilisant des peaux de bison, et à une courte distance au nord-est de ce point, il a rencontré l'espèce dans les grandes plaines. La limite orientale de la vallée du Rio Grande, au Nouveau-Mexique, semble avoir été la limite occidentale des bisons du sud-ouest. Le climat défavorable et la population indienne relativement importante de la vallée se sont probablement combinés pour arrêter une plus grande pénétration dans cette direction.

De 1540 à 1840, l'homme blanc limitait ses activités dans les plaines occidentales à l'exploration. La colonisation américaine avait atteint le fleuve Mississippi, mais y resta tout en rassemblant ses forces pour l'expansion qui colonisa plus tard l'Occident. Sous la domination mexicaine, le Sud-Ouest progressa très lentement. Puis, en l'espace de 50 ans, une chaîne d'événements s'est produite qui a déterminé le destin de l'Occident et scellé celui du troupeau de bisons.

bison

Parmi ces événements, on peut citer : la guerre avec le Mexique, 1844 ; la ruée vers l'or de 1849 en Californie ; l'achat de Gadsden en 1854 ; et l'achèvement du chemin de fer transcontinental en 1868. Les trois premiers ajoutèrent un territoire nouveau et important aux États-Unis. Cela a rendu la construction d'installations de transport et de communication une nécessité vitale, d'où le chemin de fer. L'achèvement de l'Union Pacific Railroad en 1868 a divisé la population de bisons en troupeaux du sud et du nord et a rendu la chasse commerciale rentable. Trois facteurs ont contribué à l'extermination : le profit tiré du trafic des peaux, de la viande et des os ; le contrôle des tribus indiennes gênantes grâce à l'élimination de l'une de leurs principales sources de nourriture ; et enfin, la suppression de toute concurrence dans les plaines herbeuses du Texas et du Kansas contre les grands troupeaux de bovins Longhorn qui commençaient à marquer l'histoire des aires de répartition occidentales. En 1874, six ans seulement après l'achèvement de l'Union Pacific, le massacre du troupeau du sud était complet. Il est intéressant de noter qu'aucune loi n'a été adoptée pour protéger le troupeau du Sud.

Le troupeau du nord a fait un peu mieux. Des saisons de fermeture ont été établies dans l'Idaho en 1864, dans le Wyoming en 1871, dans le Montana en 1872, dans le Nebraska en 1875, dans le Colorado en 1877, au Nouveau-Mexique en 1880, dans le Dakota du Nord et du Sud en 1883. Néanmoins, le troupeau a diminué et en 1890, il était presque éteint. . Depuis, grâce à une gestion rigoureuse, quelques petits troupeaux se sont établis dans les parcs et refuges, mais aujourd'hui le bison doit être considéré davantage comme un animal domestique que sauvage.

Même si l'animal n'était pas aussi important économiquement pour les Indiens du sud-ouest que pour les Indiens des plaines, il constituait un symbole religieux d'une certaine valeur. Les découvertes archéologiques à l'ouest de l'aire de répartition historique et les danses encore utilisées lors des cérémonies révèlent que plusieurs tribus du sud-ouest envoyaient des groupes de chasse vers l'est, dans le pays des bisons. Cela devait être très dangereux, car les Indiens des plaines les auraient considérés comme des envahisseurs. Les bisons leur constituaient de la nourriture, un abri et des vêtements. Imaginez leur consternation lorsque les hommes blancs ont commencé à massacrer la source de leur subsistance.

Il ne reste aujourd'hui que peu de souvenirs des grands troupeaux de l'Ouest. Peut-être que quelqu'un qui connaît bien les mœurs de ces bovins sauvages pourrait encore retrouver les traces des sentiers profondément creusés qui menaient aux points d'eau, ou des dépressions peu profondes où les bêtes maladroites se vautraient autrefois dans la boue. De nombreuses danses indiennes rappellent l'importance de cet animal pour l'homme primitif. Notre rappel le plus constant est peut-être la pièce de monnaie qui commémore ce symbole du Far West, représentant l'Indien d'un côté et le bison de l'autre.

Cerf mulet
Odocoileus hemionus (grec : odous , dent et koilus , creux. Grec : hemionus, mule)

RÉPARTITION : Moitié ouest de l'Amérique du Nord, du centre du Canada au centre du Mexique.

HABITAT : Forêts et zones broussailleuses depuis le niveau de la mer jusqu'à la limite inférieure de la zone de vie alpine.

DESCRIPTION : Cerf à grandes oreilles avec une queue soit entièrement noire sur le dessus, soit à l'extrémité noire. Longueur totale d'un adulte moyen environ 6 pieds. Queue d'environ 8 pouces. Le pelage est rougeâtre en été et bleu-gris en hiver. Le dessous et l'intérieur des pattes sont de couleur plus claire. Certaines formes de cette espèce ont une tache blanche sur le croupion, d'autres aucune. La queue peut être à pointe noire ou noire sur toute la surface dorsale, mais elle est plus clairsemée que celle des autres cerfs indigènes et est nue sur au moins une partie de la surface inférieure. Seuls les mâles ont des bois. Ceux-ci sont typiques en cas de bifurcation également à partir du faisceau principal. Ils tombent chaque année.

cerf mulet

Le cerf mulet est typique des montagnes de l'Ouest. Même au début, on ne l'a jamais trouvé à l'est du Mississippi et on l'observe désormais rarement à l'est des Rocheuses. Une seule espèce est reconnue aux États-Unis, bien que dans sa vaste aire de répartition, il existe de nombreuses formes sous-spécifiques. Tous se distinguent par la taille de leurs oreilles, d'où dérive le nom commun de « mule ». Le cerf de Virginie de la côte du Pacifique, longtemps considéré comme une espèce distincte, est désormais classé comme une sous-espèce du cerf mulet.

D'une manière générale, les cerfs des États-Unis peuvent être divisés en deux groupes, séparés géographiquement par la ligne de partage continentale. À l'est de cette ligne se trouve le territoire occupé par le groupe à queue blanche ; à l'ouest vit le cerf mulet. Dans la mesure où les espèces s'arrêtent rarement brusquement aux limites géographiques, nous constatons dans ce cas qu'une sous-espèce à queue blanche, connue localement sous le nom de

Sonora fantail, se trouve le long de la frontière mexicaine jusqu'à l'ouest jusqu'au fleuve Colorado, territoire également occupé par le cerf mulet vivant dans le désert. . De la même manière, le cerf mulet des Montagnes Rocheuses peut encore être vu dans les Badlands du Dakota du Nord, à plusieurs centaines de kilomètres à l'est de la ligne de partage des eaux continentales et bien à l'ouest de la chaîne des plaines à queue blanche.

Bien que les deux espèces se mélangent par endroits, elles se distinguent facilement, même par le novice. Parce que dans de nombreux cas, l'animal n'est vu qu'en vol, la manière de courir est peut-être la différence la plus importante sur le terrain. Le cerf mulet, adapté à la vie dans des terrains accidentés, bondit avec des sauts aux pattes raides qui semblent plutôt gênants sur le plan mais qui peuvent le porter sur une pente raide avec une vitesse surprenante. Le cerf à queue blanche, quant à lui, s'étire et court au galop. Les cerfs s'enfuient rarement tranquillement d'un humain, mettant généralement tous leurs muscles à rude épreuve pour quitter leur ennemi le plus rapidement possible. Dans les régions accidentées et accidentées fréquentées par les cerfs mulets, cette tactique provoque souvent une agitation considérable.

Je me souviens d'un troupeau d'environ 70 cerfs que j'ai sauté sur un flanc de montagne escarpé dans le sud de l'Utah. Le fracas des broussailles, le crépitement des sabots et le bruit des pierres lancées dans leur vol créaient l'impression d'un glissement de terrain.

Une autre différence facilement visible entre le cerf mulet et le cerf de Virginie est la queue sombre et à poils courts du premier par rapport au grand éventail blanc du second. La queue du cerf mulet ne semble en aucun cas servir de signal. En vol, il ne se balance pas d'un côté à l'autre comme c'est le cas pour l'oiseau à queue blanche.

Les bois du cerf mulet ne ressemblent à ceux de aucune autre espèce de gros gibier habitant son aire de répartition. Ils sont généralement d'une taille impressionnante et, en raison de l'angle élevé avec lequel ils s'élèvent par rapport à la tête, paraissent souvent plus grands. L'étendue est large proportionnellement à la hauteur ; il n'est donc pas rare qu'un chevreuil bien boisé soit confondu avec un wapiti, surtout à distance. Les bois sont uniques en ce sens qu'ils ont une poutre qui se divise également pour former les pointes. Ainsi, une tête typique pourrait avoir cinq pointes, à savoir : l'accroc basal, une petite dent s'élevant de la poutre près de la tête ; et quatre pointes, deux provenant de la fourche de chaque division du faisceau. La manière occidentale de compter les points consiste à numéroter ceux d'un seul bois ; la méthode souvent utilisée en Orient compte tous les points des deux. Le nombre de points n'indique pas nécessairement l'âge d'un cerf. Dans des conditions normales, les bois augmenteront en taille et en pointes à chaque nouvelle paire jusqu'à ce que la maturité soit atteinte. Ils atteindront ensuite approximativement la même taille pendant plusieurs années. Dans la vieillesse, le développement des bois diminue généralement d'année en année jusqu'à ce que, en cas de sénilité, ils deviennent aussi petits que ceux d'un jeune cerf. L'état des dents et des sabots est une indication plus précise de l'âge, même si cette méthode manque de prestige par rapport au système de points séculaire.

Il semblerait, vu la facilité avec laquelle ce grand cerf peut s'établir dans différents types d' habitats , qu'il soit peu menacé d'extinction. Il est probable que les différentes sous-espèces disparaîtront d'ici peu car leur aire de répartition est rapidement occupée par l'agriculture ou l'exploitation forestière. Avec une certaine protection, l'espèce persistera dans les hautes montagnes pendant de nombreuses années.

Cerf de Virginie
Odocoileus virginianus (grec : odous , dent et koilus , creux. Latin : de Virginie)

cerf de Virginie

RÉPARTITION : Principalement à l'est de la ligne de partage des eaux aux États-Unis, au nord jusqu'au sud du Canada et dans la majeure partie du Mexique, à l'exception de la Basse-Californie.

HABITAT : Pays broussailleux et boisé.

DESCRIPTION : Cerf avec une grande queue blanche, tenu en l'air et remuant d'un côté à l'autre alors qu'il s'enfuit dans les sous-bois. Dans le Sud-Ouest, deux variantes géographiques existent, la sous-espèce *virginianus* et la sous-espèce *couesi* ; ce dernier est connu localement sous le nom de Sonora fantail et n'est observé aux États-Unis que dans une aire de répartition limitée le long de la frontière. *Odocoileus virginianus* du Sud-Ouest est un grand cerf. Il pèse généralement entre 150 et 250 livres, et parfois jusqu'à 300. L'animal adulte moyen mesurera environ 6 pieds de longueur totale. Queue d'environ 10 pouces. La couleur est rougeâtre en été, virant au gris avec le pelage d'hiver. Le ventre, l'intérieur des pattes et le dessous de la queue sont blancs. Les oreilles sont petites. Les bois ont des dents verticales provenant d'une seule poutre.

Comme son nom spécifique l'indique, il s'agit du même cerf que l'on trouve dans les États de l'Est. Il est également connu sous le nom de cerf de Virginie des plaines , car il était autrefois commun le long des zones broussailleuses et au fond des rivières dans les régions des Prairies. Animal essentiellement oriental, il est plus abondant dans les États de l'Est, son nombre diminuant vers l'ouest jusqu'à la ligne de partage des eaux continentales. Quelques groupes dispersés se trouvent dans le nord-ouest du Pacifique, et la sous-espèce *couesi* s'étend vers l'ouest le long de la frontière mexicaine jusqu'au fleuve Colorado.

Le cerf de Virginie peut être distingué du cerf mulet par l'une des trois caractéristiques suivantes, toutes facilement apparentes sur le terrain. Ce sont : la forme et la construction des bois, la taille et la couleur de la queue et la méthode de course. Les bois sont constitués de deux poutres principales qui, après s'être levées de la tête, se courbent vers l'avant presque à angle droit avec une ligne tracée du front au nez. Les dents s'élèvent de ces poutres principales. Chez le cerf mulet, les poutres s'élèvent à un angle plus élevé à partir de la tête et de la fourche plutôt que de rester simples. La queue à queue blanche est longue et touffue, entièrement poilue tout autour et d'un blanc pur en dessous. En vol, il est dressé et se tortille d'un côté à l'autre. Ceci, combiné à l'intérieur blanc des jambons, présente un grand spectacle de poils blancs lorsque l'animal se retire. Le cerf mulet a une queue fine, aux poils clairsemés, nue en dessous et qui ne s'agite pas d'un côté à l'autre en courant. Le « cerf de Virginie » court au grand galop avec le ventre près du sol ; le cerf mulet s'en va avec une série de sauts en forme de ballet.

C'est ce cerf qui a tant contribué aux pionniers dans leur voyage vers l'ouest depuis les États de l'Atlantique. Il était important non seulement pour sa chair mais aussi pour sa peau qui, après tannage, devenait les mocassins, les culottes et les manteaux en peau de daim couramment portés par les amateurs de plein air au début. Sa répartition est désormais inégale par rapport à l'ancienne aire de répartition, bien qu'il y ait aujourd'hui probablement plus de cerfs de Virginie aux États-Unis qu'à l'époque coloniale. Cela s'explique principalement par le fait que dans les États de l'Est, densément peuplés, les prédateurs ont été réduits au minimum et les saisons de chasse soigneusement réglementées. Il est encore trop tôt pour savoir si l'élimination des prédateurs entraînera une souche de cerf inférieure, mais la surpopulation relative dans de nombreuses localités a été indiquée par le manque de broutage, les maladies et la mortalité hivernale excessive. Ce dernier problème pose particulièrement problème dans certains États du Nord. Les « queues blanches » sont des créatures grégaires, qui se regroupent parfois en nombre considérable, surtout en hiver. Un groupe d'entre eux dans la neige profonde restera ensemble et leurs sabots fouleront bientôt la neige sur une petite zone. Au fil des chutes de neige, les congères s'approfondissent autour des « cours aux cerfs » et les occupants finissent par être aussi emprisonnés par cette barrière blanche que s'ils étaient clôturés. Si le nombre d'animaux dans la cour est trop important, les pâturages disponibles disparaissent rapidement et beaucoup mourront de faim avant le retour du temps chaud. Dans la majeure partie de la zone montagneuse occupée par le cerf de Virginie dans le sud-ouest, la neige ne pose aucun problème. Les troupeaux se déplacent simplement vers les basses terres lorsque la neige devient trop épaisse. Ce mouvement saisonnier est si prononcé que ce cerf est classé comme animal migrateur dans certaines localités.

Conformément à cette tendance migratoire, le « cerf de Virginie » suit une routine variée mais bien marquée dans son mode de vie. À peu près au moment où ils perdent leur manteau d'hiver, à la fin du printemps, les mâles jettent également leurs bois. Avec la perte de ces belles armes, leurs personnalités souffrent. Ils quittent le groupe avec lequel ils ont passé l'hiver et montent vers les plus hautes montagnes, pour s'y frayer un chemin avec quelques individus également affligés jusqu'à ce qu'une nouvelle pousse de bois leur rende leur dignité. Les biches laissées sur place ont leurs propres problèmes. Il s'agit notamment de chasser les faons d'un an pour qu'ils se débrouillent seuls afin que les biches puissent accorder toute leur attention aux petits nouveaux arrivants tachetés qui arrivent au milieu de l'été. À ce stade, les adultes ont revêtu leur pelage d'été court, rouge jaunâtre. Les faons sont également rougeâtres, mais couverts de taches pâles, une combinaison qui se marie bien avec les lumières et les ombres dans les endroits broussailleux où les biches choisissent de les cacher. Dès que les faons sont suffisamment grands pour suivre leur mère, les petits groupes familiaux entament une randonnée progressive vers le flanc de la montagne. Il y a plusieurs raisons à cet exode, dont les principales sont des températures plus fraîches, un meilleur pâturage et une diminution des insectes piqueurs.

Pendant que les biches élèvent leurs petits, les mâles font un lent retour sur les crêtes au-dessus. Au début de l'automne, leurs nouveaux bois ont durci, ont été nettoyés du velours et polis dans les fourrés broussailleux. Avec leurs armes restaurées, ils recherchent à nouveau la compagnie des biches. La saison du rut arrive à une époque où les boucs sont au sommet de leur vigueur et de leur combativité. Les yearlings et les mâles plus faibles sont vite surclassés, laissant les mâles les plus virils et agressifs devenir les géniteurs des faons de l'année suivante. La simplicité de ce système n'a d'égale que son efficacité. L'élevage sélectif naturel est l'un des éléments les plus importants dans la perpétuation d'une espèce. Une diminution du nombre des meilleurs reproducteurs se traduit souvent par une souche inférieure. En matière de conservation des troupeaux de cerfs , il convient de se rappeler que ce n'est pas toujours le *nombre* d'animaux qui constitue la considération primordiale. Un groupe plus restreint d'individus sains et vigoureux est généralement plus souhaitable qu'une population plus nombreuse et dans un état moyen.

Bien que l'espèce ait disparu de bon nombre de ses repaires dans les États des Prairies, elle ne s'éteindra probablement pas avant longtemps. Classé par de nombreuses autorités comme notre principal gibier, il a été le « cobaye » dans de nombreuses expériences de conservation. Adaptable à presque tous les environnements avec des facteurs d'abri et de broutage appropriés, il n'a besoin que d'un peu de protection pour bien s'établir. Le cerf « clé » des Everglades de Floride, un petit animal pesant seulement 50 livres, est cependant au bord de l'extinction.

Une autre sous-espèce, le « Sonora fantail », originaire du Mexique et du sud-ouest des États-Unis, est considérablement réduite en nombre et semble vouée à disparaître.

Wapiti
Cervus canadensis (latin : cerf ou cerf, du Canada)

RÉPARTITION : Le long des montagnes Rocheuses des États-Unis et du Canada. On le trouve également dans le centre du Canada, dans l'ouest de l'Oregon et de l'État de Washington, dans le centre de la Californie et dans diverses petites zones des États de l'Ouest où il a été introduit.

HABITAT : Lieux boisés et hautes vallées de montagne abritées.

DESCRIPTION : Un très gros cerf avec d'énormes bois, un cou fin et une légère croupe. Longueur totale 80 à 100 pouces. Queue de 4 à 5 pouces. Hauteur d'épaule 49 à 59 pouces. Poids moyen 600 à 700 livres, avec un maximum d'environ 1 100 livres. Poil foncé en été, plus clair en hiver. Les poils plus longs sur le cou et la gorge du taureau forment une crinière visible à une certaine distance. Bois extrêmement gros, généralement six pointes chez les mâles adultes. Les femelles ne portent normalement pas de bois. Les sabots sont noirs. Les jeunes sont généralement un, bien que les jumeaux ne soient pas rares.

Le wapiti est le plus grand membre de la famille des cerfs originaire du sud-ouest des États-Unis. Il était autrefois largement répandu, connu non seulement dans tout le Moyen-Ouest mais aussi dans la plupart des États de l'Est. En fait, l'un de ses noms communs, « wapiti », est d'origine amérindienne de l'Est ; c'était ainsi que l'appelaient les Algonquins. Les Cris du Canada et des États du Nord l'appellent « wapitiu » (blanc pâle) pour le distinguer de l'orignal de couleur plus foncée auquel il était associé dans cette région. Il est maintenant confiné aux Rocheuses et à l'ouest des États-Unis, ainsi qu'aux Rocheuses et à la partie centrale du Canada. De nombreux troupeaux que l'on trouve aujourd'hui dans les États occidentaux ont été introduits pour remplacer ceux qui ont été inconsidérément exterminés au début. Cela a été le cas en Arizona et au Nouveau-Mexique, où l'élan de Merriam a disparu avant 1900. Cet élan, aujourd'hui connu uniquement grâce à de rares archives et à quelques têtes et crânes montés, était un géant de son espèce. Non seulement il était plus grand que l'élan du Wyoming qui le remplace désormais, mais il avait également des bois massifs. Son décès est un sombre avertissement de ce qui pourrait facilement arriver au wapiti de Tule, un wapiti pygmée du centre de la Californie qui a été réduit à un troupeau dangereusement petit. Les wapitis actuellement présents dans le sud-ouest, pour la plupart sinon la totalité, sont les descendants d'individus issus des grands troupeaux de la région du parc de Yellowstone. Dans leur nouvelle patrie, ils conservent les mêmes habitudes qui caractérisent les espèces du Wyoming.

Après le buffle, le wapiti est le grand mammifère le plus grégaire des États-Unis. Le degré de regroupement varie selon les saisons et peut être attribué à leurs instincts migratoires. Pendant les mois d'été, les bandes sont petites et largement dispersées dans la zone de vie de transition et parfois même plus haut. Avec l'arrivée du froid , ils descendent vers les basses terres et l'hiver les retrouve rassemblés dans des vallées herbeuses abritées. Cet exode vers les quartiers d'hiver peut être l'un des spectacles les plus passionnants de la nature. Dans le nord, il n'est pas rare que des troupeaux d'un millier ou plus de ces animaux majestueux se déplacent vers l'une des vallées les plus favorisées. Ils ont l'instinct si développé chez la plupart des animaux de savoir quand une tempête est imminente, et la migration peut être achevée dans un délai de 48 heures, ou même moins si le mauvais temps se prépare.

La concentration de centaines de ces animaux affamés sur un seul territoire crée de nombreux problèmes, le plus grave étant celui de l'alimentation. Avant l'arrivée de l'homme blanc, la population de wapitis était plus dispersée et de nombreuses aires d'alimentation hivernale étaient disponibles. Dans ces zones non pâturées , ils étaient capables de se faufiler dans la neige jusqu'à l'herbe sèche et nourrissante qui se trouvait en dessous. Les grands troupeaux doivent désormais être nourris au foin pour éviter les pertes hivernales qui en résulteraient autrement. Dans le Sud-Ouest, avec ses hivers relativement doux et sa faible population, les animaux n'ont aucune difficulté à résister aux tempêtes sans aide humaine. Les troupeaux actuels semblent bien établis et, avec des mesures de conservation appropriées, ils devraient constituer une partie précieuse de notre faune pendant de nombreuses années à venir.

wapiti

Même s'ils sont migrateurs, les wapitis doivent néanmoins résister à de grandes variations saisonnières de température. En s'adaptant à ces changements, ils ont développé deux manteaux précis, un pour l'été et un pour l'hiver. Les vêtements d'hiver sont enfilés au début de l'automne; il se compose d'un épais pelage de sous-poil laineux brun avec des poils de garde qui varient du gris sur les côtés au presque noir sur le cou et les pattes. Les vieux taureaux ont tendance à être plus noirs et blancs que les vaches et les jeunes animaux. Ce pelage épais, souvent appelé manteau « gris », protège efficacement des vents froids qui balayent les montagnes et isole celui qui le porte contre la neige qui pénètre dans la surface extérieure. Au printemps, ce manteau est abandonné pour laisser la place à un léger manteau d'été. Les poils emmêlés tombent en grandes touffes et les animaux restent négligés pendant 2 mois ou plus. Le pelage d'été est composé de poils courts et raides avec peu de sous-poil. Le pelage est brillant par rapport aux poils de garde durs du pelage d'hiver. De couleur fauve, elle apparaît rougeâtre à distance. La tache du croupion est de couleur fauve clair dans les deux couches.

Avec l'arrivée du printemps, les taureaux perdent les grands bois qu'ils ont portés tout l'hiver. Cela se produit par une détérioration générale de la base du bois accompagnée d'une certaine réabsorption des tissus à cet endroit. Les bois peuvent simplement tomber ou, dans leur état affaibli, être cassés au contact de branches basses. Ils tombent généralement en mars et en mai, un nouveau couple commence à se développer. Comme pour le reste de la famille des cerfs, une épaisse couche de velours recouvre la nouvelle croissance. Les premières étapes semblent plutôt ridicules car les bois développent des pointes par étapes successives, chaque dent arrivant à maturité avant que la suivante ne commence à pousser. Finalement, la hauteur des bois « rattrape », pour ainsi dire, la base trop proéminente. À pleine maturité, atteinte en août, il existe peu de spectacles aussi impressionnants qu'un élan mâle dans le velours. Lorsque ce stade est atteint, les bois, jusqu'à présent extrêmement tendres, commencent à se durcir et à perdre leur sensation. Les taureaux enlèvent le velours en frottant contre les branches et les broussailles. Peu à peu, le noyau dur émerge, teinté d'un brun riche, à l'exception du bout des dents qui est d'un blanc ivoire brillant. Les bois sont si joliment symétriques qu'ils semblent gracieux malgré leur taille. L'une des plus grandes paires jamais enregistrées a une longueur de poutre de 64¾ pouces et une largeur de 74 pouces.

Un taureau mature a généralement six dents sur chaque bois. Ceux-ci portent des noms précis. La première dent s'étend vers l'avant à partir de la tête et est connue sous le nom de dent « frontale » ; la suivante comme la dent « bez ». Collectivement, ils sont appelés les « élévateurs », anciennement connus sous le nom de « dents de guerre ». Le point suivant s'incline vers la verticale ; c'est la dent « trez ». La quatrième est la pointe « royale » ou « poignard », et la fourche terminale du bois forme les deux dernières pointes appelées « surroyaux ».

Aussi encombrant que soit cet énorme ensemble de bois, les animaux les manipulent avec une relative facilité. Au pas ou au trot normal, le corps est porté en douceur avec le nez relevé et avancé. Dans cette posture, les bois sont bien équilibrés et portés sans contrainte excessive. En courant dans les broussailles, le nez est élevé encore plus haut ; cela rejette les bois plus en arrière le long des épaules, et lorsque le nez sépare les branches, ils glissent le long des poutres incurvées sans s'accrocher aux dents. Malgré ces obstacles encombrants, le wapiti crée moins de perturbations que la plupart des grands animaux forestiers lorsqu'il est en vol. Les bois de cerf en tant qu'armes offensives sont de loin surfaits, car ils remplissent rarement cette fonction. Les mâles ont été grièvement blessés et même tués lors de combats entre eux, mais ce sont des exceptions, et la plupart des combats se font en frappant avec les pattes avant. Si les bois sont utilisés, c'est généralement avec un mouvement de coupe vers le bas qui ratisse, plutôt que de percer la peau de l'adversaire.

Malgré sa belle apparence, l'élan mâle ne se contente pas seulement d'être vu, mais insiste également pour être entendu. Son effort vocal est un ton aigu, clair et doux communément appelé clairon, bien qu'il semble avoir plus la qualité d'un sifflet que le son d'un cor. L'appel commence sur une note grave qui est soutenue pendant peut-être deux secondes, puis monte rapidement sur une octave complète jusqu'à un crescendo doux et moelleux, descend par degrés rapides jusqu'à la première note et s'éteint. Ceci est suivi de plusieurs grognements de toux qui ne peuvent être entendus qu'à courte distance. Le clairon peut être entendu sur une grande distance, et par une soirée claire et calme, l'un des plus grands charmes du camping sauvage est d'entendre ce défi clair lancé depuis une crête voisine. La réponse est rapidement renvoyée depuis d'autres collines, certaines si éloignées qu'elles ne sont que de simples murmures au loin.

Le clairon se pratique principalement pendant la saison du rut et dure d'août à novembre. Pendant cette période , il s'agit sans aucun doute de défier les autres taureaux et peut-être aussi d'impressionner les vaches par la grande importance de leur seigneur. À d'autres saisons, on l'entend mais rarement, et il s'agit alors probablement simplement d'une expression d'esprits animaux abondants. On sait que les vaches claironnent, mais c'est un phénomène rare.

Le veau unique naît entre la mi-mai et la mi-juin. Les jumeaux ne sont pas rares. À la naissance, le veau pèse entre 30 et 40 livres et est un animal maladroit. Il a un pelage brun pâle généreusement parsemé de taches claires et une tache sur le croupion très proéminente. Pendant plusieurs jours, il reste caché dans l'herbe pendant que la mère broute à proximité et veille constamment. Plusieurs fois par jour, elle revient pour laisser le veau téter, mais cela se fait le plus rapidement possible. Nombreux sont les prédateurs qui ne demandent qu'à attraper le petit, comme les pumas, les loups, les lynx roux, les coyotes, les ours et même les aigles royaux. Si le veau est agressé, il émet un cri aigu et la vache charge en faisant clignoter ses sabots acérés. Elle réussit généralement à chasser les petits prédateurs et intimide parfois même les plus grands avec sa fureur hérissée. Une fois que le veau est suffisamment grand pour suivre la mère, elle l'avertit du danger avec un aboiement rauque et toussant.

La présence de canines chez le wapiti est une particularité que l'on ne retrouve pas chez les autres cerfs américains. Ils sont de forme modifiée, étant des excroissances bulbeuses sans fonction connue. On les trouve chez les deux sexes, mais ceux des taureaux sont ceux qui se développent le plus. À maturité, ils deviennent très polis et se colorent en brun clair.

RONGEURS
Dont les Lagomorphes (lièvres et pikas)

Les rongeurs sont les mammifères les plus nombreux du Sud-Ouest. Il ne s'agit pas d'une situation inhabituelle ; ils jouissent d'une supériorité numérique sur les autres mammifères du monde entier. En règle générale , les rongeurs sont de petits animaux ; les plus grands que l'on trouve dans les hautes terres du Sud-Ouest sont le castor et le porc-épic. Bien que ces deux-là soient considérablement plus grands que tous les autres du groupe, ils ne peuvent pas être classés parmi les gros animaux. En raison du grand nombre d'espèces représentées et des conditions variables dans lesquelles ils vivent, les rongeurs présentent de grandes différences dans leurs caractéristiques physiques. Ils peuvent cependant tous être identifiés comme appartenant à ce groupe par une caractéristique commune : celle d'avoir de longues incisives incurvées. En règle générale , ils sont au nombre de deux au-dessus et de deux dans la mâchoire inférieure, la seule exception étant les lièvres et certaines de leurs espèces étroitement voisines. Ceux-ci appartiennent à l'ordre *des Lagomorpha* mais seront inclus ici avec les rongeurs.

Les incisives sont profondément enfoncées dans les mâchoires, la partie située au-dessus des gencives étant un tube creux rempli de pulpe. Contrairement aux incisives des autres mammifères, elles poursuivent une croissance lente et régulière tout au long de la vie de l'animal. C'est un moyen de compenser l'usure que doivent subir les arêtes de coupe. Les faces avant de ces dents sont recouvertes d'une épaisse couche d'émail, tandis que les surfaces arrière sont soit de la dentine nue, soit au mieux recouvertes d'un émail très fin. L'usure se traduit ainsi par une surface biseautée un peu comme celle d'un ciseau qui, grâce à l'affûtage qu'il reçoit lors des mouvements normaux de manger, reste tranchant. Un affûtage uniforme des incisives supérieures et inférieures est assuré par une disposition particulière de la charnière de la mâchoire inférieure. Un jeu supérieur à la moyenne dans cette rotule permet aux incisives inférieures de glisser soit derrière, soit devant les supérieures, de sorte que les deux ensembles reçoivent à peu près la même usure des deux côtés. Si l'une des incisives est cassée ou autrement endommagée de telle sorte que l'attrition normale ne puisse pas avoir lieu, son opposée grandira à un tel degré que l'animal sera incapable de prendre de la nourriture et pourra alors mourir de faim. Les canines sont absentes chez tous les rongeurs et les prémolaires font défaut chez de nombreuses espèces. Le grand espace ainsi laissé entre les incisives étroites et les molaires relativement massives explique en partie le large crâne qui se rétrécit rapidement jusqu'à la face latéralement comprimée si typique des caractéristiques des rongeurs.

Les habitudes alimentaires des différents types de rongeurs diffèrent dans une large mesure. Peut-être que le terme omnivore pourrait être appliqué à la plupart d'entre eux, car pratiquement tous les rongeurs mangent des insectes et de la viande en plus des matières végétales habituelles. Quelques-uns pourraient être classés comme insectivores ou même carnivores. Certaines espèces accumulent des réserves de nourriture en prévision des périodes de soudure ; d'autres mangent comme des gloutons lorsque la nourriture est abondante et hibernent en cas de besoin ; d'autres encore sont équipés pour passer toute l'année à chercher activement quelque chose à manger.

Les habitats sont tout aussi diversifiés. Certaines espèces vivent sous la terre, d'autres à la surface du sol, au moins deux espèces sont aquatiques et quelques-unes sont arboricoles. Quel que soit l'endroit où ils habitent, la grande majorité d'entre eux sont des constructeurs d'habitations. Ils s'efforcent d'installer leurs maisons dans les endroits les plus protégés et tapissent généralement leurs nids avec des matériaux souples. Les exceptions remarquables sont le lièvre et le porc-épic, qui mènent tous deux une vie nomade.

Malgré leurs habitudes secrètes, les rongeurs souffrent d'une mortalité énorme. Pratiquement tous les animaux carnivores, la plupart des oiseaux prédateurs et de nombreux serpents se nourrissent de rongeurs, et pour beaucoup d'entre eux, ces animaux persécutés constituent la principale nourriture. Cette situation n'est pas aussi dure qu'il y paraît, car la plupart des rongeurs sont très prolifiques. Elliott Coues a très bien résumé leur place dans l'équilibre de la nature : « Pourtant, ils ont un rôle évident à jouer,... celui de transformer l'herbe en chair, afin que les Goths carnivores et les Vandales puissent subsister aussi et proclamer à leur tour : « Toute chair est de l'herbe.

Lièvre d'Amérique
Lepus americanus (latin : lièvre... d'Amérique)

RÉPARTITION : Présente dans la plus grande partie du Canada et de l'Alaska avec de vastes pénétrations dans le sud-ouest de l'Utah, du Colorado, du Nouveau-Mexique et de l'ouest du Nevada. Sa présence dans le nord de la Californie est plutôt rare et se limite à quelques chaînes de montagnes plus élevées.

HABITAT : À proximité des cours d'eau ou dans les forêts de conifères des zones biologiques canadienne et hudsonienne.

DESCRIPTION : Un petit lièvre trapu avec des oreilles moyennement longues et de grandes pattes postérieures poilues. Un individu moyen aura une longueur totale d'environ 18 pouces avec une queue inférieure à 2 pouces. Pied postérieur d'environ 6 pouces de longueur. Pelage d'été brun, sauf les pattes et le ventre blancs, et la queue noir brunâtre dessus. Robe d'hiver blanche sauf le bout des oreilles qui est noir. Jeune, de trois à six ans, né en mai ou juin.

Le lièvre d'Amérique, que l'on rencontre avec parcimonie dans les montagnes du Sud-Ouest, est le même que celui qui vit dans les fondrières non loin du cercle polaire arctique. Le climat des zones montagneuses ressemble étonnamment à celui du pays du nord, même si le relief est différent. L'équivalent le plus proche se trouve dans les bordures broussailleuses des ruisseaux de montagne, et c'est ici que l'on trouve le plus souvent les « raquettes ». Pendant l'été, ils se nourrissent d'herbes, d'herbes et de feuilles de nombreux arbustes différents ainsi que des pointes tendres des jeunes branches. L'hiver, période de famine pour de nombreux animaux, est tout le contraire pour ces lièvres aux grandes pattes. Capables de courir à la surface des congères, chaque nouvelle chute de neige les rapproche des tendres brindilles qui, plus tôt dans l'année, étaient bien au-dessus de leur portée. Des coupes diagonales nettes, un peu comme celles faites avec un couteau, marquent leurs déprédations et, comme ce sont de copieux mangeurs, la cime entière de nombreux arbustes alimentaires préférés peut être taillée en une seule saison.

Comme plusieurs autres créatures chassées et relativement peu de chasseurs, la « raquette » subit un changement complet de couleur entre son pelage d'été et celui d'hiver. La transformation commence lorsque les premières neiges arrivent, et généralement le manteau blanc est terminé lorsque les neiges s'accumulent profondément sur les montagnes. Il ne s'agit pas, comme on le croyait autrefois, d'un cas où les poils bruns de la garde blanchissent, mais d'une mue. Les poils de la garde d'été sont perdus et des poils blancs sont remplacés. Le sous-poil change de couleur de manière moins marquée. Près de la peau, l'animal est encore brun. Extérieurement, il est d'un blanc pur, à l'exception des bouts d'oreilles noirs. Aussi merveilleuse que soit cette coloration protectrice, elle n'est pas une protection absolue contre les ennemis. Il y en a beaucoup, et les principaux d'entre eux sont les lynx, les lynx roux, les loups, les belettes et les grands-ducs d'Amérique. Dans de nombreux endroits de l'extrême nord, le lièvre d'Amérique est l'hôte principal du lynx, leur nombre fluctuant à l'unisson.

lièvre d'Amérique

Comme la plupart des autres lièvres, le « raquetteur » passe une grande partie de son temps libre dans une « forme ». Ce n'est généralement rien d'autre qu'un creux bien caché. La pénombre sous les conifères bas est très appréciée par ces animaux nocturnes à cette fin. Ils ne fréquentent à aucun moment leurs terriers, le plus proche de ce genre d'habitation étant l'hiver où ils sont parfois complètement enneigés. Ils souffrent peu lors des fortes tempêtes, car leur fourrure longue et duveteuse les protège du froid. Leur plus grand danger réside dans la possibilité d'être enterrés vivants en cas de pluie verglaçante faisant suite à la neige.

Les petits naissent à la fin du printemps ou au début de l'été. Ils viennent au monde dans un environnement luxueux. La mère a tapissé la surface du nid de poils doux tirés de son propre pelage, et on pourrait difficilement imaginer une chambre de bébé plus douce et plus confortable. Les petits lièvres naissent entièrement poilus, les yeux ouverts et généralement avec les incisives déjà à travers les gencives. Leur développement est rapide et bien avant l'arrivée du froid , ils se débrouillent seuls.

Lapin à queue blanche
Lepus townsendi (latin : lièvre... pour JK Townsend)

RÉPARTITION : Au nord de la frontière canadienne jusqu'à la partie sud du Colorado et de l'Utah, et des montagnes Cascades à l'est jusqu'au fleuve Mississippi.

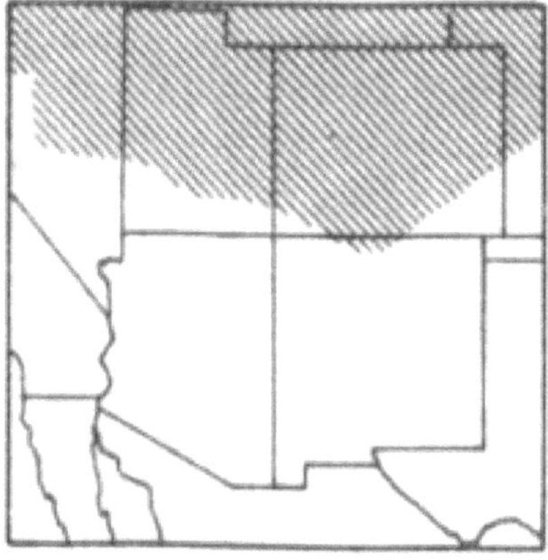

HABITAT : Plaines et rase campagne, en contrefort, et même en haute montagne. Trouvé dans les zones de vie du Haut Sonora et de Transition.

DESCRIPTION : Un gros lièvre à queue blanche et de constitution élancée, que l'on trouve généralement uniquement en rase campagne. Longueur totale (moyenne) 18 à 24 pouces. Queue jusqu'à 4 pouces. Oreilles jusqu'à 6 pouces de longueur. Poids 5 à 8 livres. La couleur varie selon les saisons. Le pelage d'été est gris chamoisé, le pelage d'hiver est blanc. La queue, longue pour un lièvre, est blanche toute l'année. Le bout des oreilles est noir été comme hiver. Jeune, trois à six dans une portée, né en mai. Il peut y avoir une deuxième portée à la fin de l'été. Comme toute la famille des lièvres, les petits sont bien poilus et ont les yeux ouverts dès la naissance.

Le lièvre à queue blanche est le plus gros lièvre originaire des États-Unis. Sa grande taille est encore soulignée par sa construction élancée et ses longues pattes et oreilles. De telles caractéristiques physiques sont généralement les marques d'un animal farouchement poursuivi par ses ennemis. Cet habitant de la campagne ne fait pas exception. Il est la proie d'innombrables prédateurs, dont l'homme, le plus implacable et le plus rusé de tous. Pourtant, sa place dans le monde moderne est toujours assurée, car bien qu'il soit presque totalement dépourvu d'armes offensives, la nature lui a conféré des avantages défensifs bien supérieurs à ceux de la plupart des autres créatures. Le plus important est peut-être la vitesse trompeuse avec laquelle il flotte à travers la prairie. Le plus rapide de sa tribu et dépassé à cet égard par un seul animal indigène, l'antilope d'Amérique, ce lièvre dégingandé fuit tout simplement la plupart des poursuites. Aussi efficace que soit cette tactique, l'animal l'utilise généralement en dernier recours, préférant employer exactement le contraire, celui de s'accroupir, immobile, pour tenter d'éviter d'être détecté. L'immobilité absolue est en soi une défense admirable, mais lorsqu'elle est renforcée par un camouflage comme celui que possède cette créature, elle est encore plus efficace.

Comme la plupart des membres de la famille des lièvres, le lièvre à queue blanche est plus actif la nuit que le jour. Il passe la majeure partie de la journée au repos sous une forme qu'il creuse à l'abri d'un arbuste bas ou d'une grande touffe d'herbe. En été, le pelage fauve se marie bien avec la couleur de l'environnement, et le pelage d'hiver est peut-être encore plus efficace . Alors le corps accroupi ne ressemble plus qu'à un monticule de neige ; le bout noir des oreilles suggère des tiges de mauvaises herbes noires qui dépassent de la surface blanche.

lièvre à queue blanche

Lapin des montagnes
Sylvilagus nuttalli (latin : sylva, bois et grec : lagos , lièvre. Pour Nuttal)

AIRE DE RÉPARTITION : Ouest des États-Unis mais à l'est de la chaîne de montagnes côtière. Les limites nord se trouvent le long de la frontière canadienne; les limites sud du centre de l'Arizona et du Nouveau-Mexique.

HABITAT : Montagnes de l'ouest à travers les zones de transition et de vie canadienne. Rarement trouvé sous les pins.

DESCRIPTION : La queue en forme de « houppette » est la meilleure caractéristique de terrain permettant de reconnaître ce lapin, généralement le seul lapin à queue blanche dans son aire de répartition aux altitudes indiquées ci-dessus. C'est l'un des plus grands du genre, mesurant en moyenne 12 à 14 pouces de longueur totale et la queue mesurant moins de 2 pouces de long. Les poids moyens vont de 1½ à 3 livres. Les oreilles sont relativement courtes et larges pour un lapin à queue blanche. La couleur varie quelque peu en fonction de l'habitat, mais en général elle est grise avec une légère teinte jaunâtre. Les zones les plus sombres se situent sur le dos et les côtés supérieurs ; le dessous des parties est clair à presque blanc. Le manteau d'hiver est plus lourd que celui d'été, mais de la même couleur. Le dessous de la queue est d'un blanc cotonneux si bien connu des citadins et des ruraux. D'après les rares données disponibles sur le nombre de jeunes, il semblerait que trois à quatre constituent la portée moyenne. Peut-être que les altitudes plus élevées auxquelles ils vivent les maintiennent à l'abri de nombreux prédateurs auxquels succombent leurs cousins des plaines, et qu'ils sont ainsi capables de maintenir leur nombre au sein de familles plus petites.

Bien que souvent trouvés dans les profondeurs de la forêt, ces lapins timides préfèrent vivre dans les fourrés broussailleux qui bordent les prairies de haute montagne et bordent les ruisseaux. Là, à la manière d'un lapin, ils s'aventurent à l'air libre pour se nourrir, toujours prêts au premier signe de danger à se mettre en sécurité sous les branches emmêlées. Une fois bien entrés dans le dédale de sentiers qu'eux seuls connaissent, il y a peu de danger d'être capturé. Là, ils peuvent se considérer à l'abri d'une poursuite ultérieure par les plus gros prédateurs et avoir un net avantage sur ceux de leur propre taille ou plus petits. Bien qu'ils soient si habiles à faire demi-tour et à faire demi-tour dans les refuges qu'ils ont choisis, ils recourent rarement à des actions d'évasion lorsqu'ils sont surpris à découvert. Leur première pensée semble être de se mettre à couvert dans la ligne la plus droite possible, et par conséquent beaucoup sont capturés par des prédateurs qui non seulement s'appuient sur ce comportement, mais profitent également souvent de l'avantage d'une attaque surprise.

Les habitudes alimentaires sont à peu près les mêmes que celles des autres lapins à queue blanche, modifiées dans une certaine mesure par les différentes associations végétales avec lesquelles ils se trouvent. En été, les graminées et les herbes tendres sont le plat préféré, mais en hiver, lorsque la neige épaisse les isole même des herbes les plus hautes, ces animaux adaptables se tournent vers l'écorce et les petites brindilles qui répondent à leur goût. A cette époque, même les pointes des rameaux de conifères sont souvent consommées. L'accès à cette nourriture, habituellement hors de portée en été, est facilité par la pousse de poils longs sous les pattes, notamment sur les pattes postérieures. Bien que ces « raquettes » saisonnières n'approchent pas la taille de celles du lièvre arctique, elles servent très bien à soutenir les lapins plus légers lorsqu'ils se déplacent sur la surface molle. Ils sont particulièrement utiles lorsque l'animal se tient sur ses pattes postérieures pour atteindre un endroit invitant qui serait hors de portée dans la position accroupie normale. Au cours de cette opération, il cherche sa nourriture uniquement avec la bouche ; les pattes antérieures ne peuvent pas être utilisées pour rassembler de la nourriture, mais pendent lâchement devant le corps pour aider à l'équilibre.

lapin de montagne

Cette incapacité à saisir ou à manipuler des objets avec les pattes avant est caractéristique de tous ces animaux qu'aux États-Unis nous appelons « lapins ». Bien qu'ici inclus avec les rongeurs, les lièvres, les lièvres d'Amérique et les lapins n'ont pas tous la dextérité avec les pattes antérieures dont le reste du groupe est doté. La structure des os ressemble beaucoup à celle des ongulés dans la mesure où les pieds ne peuvent pas être tournés latéralement. Ainsi, les pattes avant sont principalement utilisées pour courir, creuser et laver le visage et les oreilles, une procédure très similaire à celle employée par les chats domestiques, sauf qu'elle est effectuée avec les côtés des pattes plutôt qu'avec l'intérieur des poignets comme le fait Tabby. .

Bien qu'il vive dans un habitat différent de celui d'autres espèces étroitement apparentées, le lapin des montagnes partage bon nombre de leurs habitudes. C'est un animal nocturne, rarement vu en liberté sauf au crépuscule ou tôt le matin. Pendant la plus grande partie de la journée , il cherche refuge sous quelque amas de broussailles ou dans les profondeurs des roches glissantes. Parfois, il se forme dans les herbes hautes ou sous un arbuste, mais préfère généralement une protection plus substantielle. Dans les zones exploitées, les lapins profitent rapidement de l'abri offert par d'énormes tas de branches et de débris laissés par les bûcherons. Plus tard dans la saison, lorsque les tas sont brûlés, il n'est pas rare de voir jusqu'à trois ou quatre lapins à queue blanche sortir d'un tas.

Les nids pour élever les petits ne préoccupent pas beaucoup ces lapins. Peut-être choisissent-ils instinctivement des endroits où un ennemi ne s'attendrait jamais à les trouver. Beaucoup ne sont que de simples creux dans les herbes hautes ou des terriers peu profonds dans une accumulation d'aiguilles de pin. Ils sont tapissés d'herbes molles ou d'aiguilles et de poils que la mère arrache de son propre corps. D'autres fibres de cheveux et d'herbe sont intelligemment entrelacées pour former une couverture lâchement tissée qu'elle tire sur le nid lorsqu'elle part. Il est disposé avec une telle astuce et se fond si bien dans l'environnement qu'à moins de voir le lapin partir, ce n'est que par hasard qu'un nid est découvert. Les trois à cinq petits naissent aveugles et nus, mais s'épanouissent si bien dans le nid chaud qu'au bout d'un mois environ, ils sont entièrement poilus et capables de partir. À cet âge, ce sont de petites créatures extrêmement joueuses, se livrant souvent à un jeu semblable à celui du chat, même si pour un observateur humain, il n'est jamais très clair qui est « ce ».

A cet égard, il est intéressant de noter que parmi les mammifères « chassés », l'esprit de jeu se manifeste généralement par des jeux de course dans lesquels il y a peu ou pas de contact physique. En revanche, les jeunes des prédateurs s'adonnent à des jeux de lutte impliquant l'utilisation de dents et de griffes, souvent au-delà du point où le plaisir cesse et où la colère commence.

Pika
Ochotona princeps (nom mongol de pika... Latin : chef)

AIRE DE RÉPARTITION : Zones montagneuses de l'ouest des États-Unis, de l'ouest du Canada et du sud de l'Alaska. Trouvé dans le sud-ouest des États-Unis, dans l'Utah, le Colorado et le Nouveau-Mexique.

HABITAT : Talus d'éboulis des Zones de Vie Hudsonienne et Alpine.

DESCRIPTION : Un petit animal ressemblant quelque peu à un cobaye ; trouvé uniquement parmi ou à proximité des éboulements rocheux. Longueur totale de 6½ à 8½ pouces. Aucune queue visible. Couleur, gris à brun. Yeux petits, oreilles grandes et bien placées en arrière sur la tête. Les pattes antérieures sont courtes et sont peu dépassées par les pattes postérieures. Ils sont tous assez cachés par les longs poils des côtés. Cela donne à l'animal l'apparence d'un jouet mécanique car il glisse doucement sur les rochers. La plante des pieds est couverte de poils, les seules zones dénudées sur les pieds étant les coussinets des orteils. Le cri est distinctif, le plus courant étant un « eeh » répété plusieurs fois. Ce son est aigu, mais a une qualité de fausset comme s'il était produit lors d'une inhalation. Young pensait qu'il y en aurait de trois à six.

pika

Tout en haut à flanc de montagne, au-dessus de la limite des arbres mais sous les neiges éternelles, un grand champ d'éboulis repose difficilement sur les pentes massives du substrat rocheux. De loin, cela ressemble simplement à une cicatrice grise et lisse qui adoucit l'élévation autrement abrupte du sommet. Une inspection plus minutieuse révèle qu'il s'agit d'une masse de dalles de pierre de formes variées, allant de minuscules fragments à d'énormes blocs pesant plusieurs tonnes. Sa masse entière est traversée de fissures et de crevasses de toutes les formes imaginables.

Ici et là, un brin d'herbe ou un arbuste rabougri occasionnel a trouvé un pied précaire parmi les dalles. D'autres plantes à forme de tapis bas sont présentes en nombre considérable. Les seuls bruits sont de légers murmures du vent parmi les rochers et un soupir lointain venant de la forêt en contrebas. Soudain, un « eeh-eeh » aigu brise le silence, puis tout redevient calme. Les sons aigus se répètent, cette fois d'un autre côté. Vous regardez vers le son mais ne voyez rien. Enfin, si vous avez de la chance, vos yeux se concentreront sur un petit visage ressemblant un peu à celui d'un petit lapin à queue blanche, qui vous scrute depuis la sécurité d'une maison parmi les rochers. C'est le pika que vous voyez et ce toboggan est son château.

Le pika présente une ressemblance faciale superficielle avec le lapin, auquel il est le plus proche. Cela est sans doute dû aux longues moustaches soyeuses et à la lèvre supérieure profondément fendue, car les yeux sont petits et les oreilles, bien que grandes, ont une forme très différente de celles de son plus grand parent. Ses autres caractéristiques physiques sont totalement différentes de celles du lapin. Le corps trapu, les pattes courtes et l'absence presque totale de queue ressemblent davantage à ceux du cobaye dont il est un allié plus lointain. Plusieurs espèces sont connues. Tous sont des habitants de l'hémisphère nord et tous, qu'ils soient asiatiques, européens ou américains, vivent dans des éboulements rocheux au niveau ou au-dessus de la limite forestière. Dans l'ouest des États -Unis, le pika est connu sous divers autres noms communs, parmi lesquels « coney », « petit lièvre en chef » et « lapin des rochers » sont peut-être les plus connus.

Vivant dans un seul type d'habitat, le pika a développé des habitudes très spécialisées. Le plus remarquable est sa pratique consistant à couper le foin pour se nourrir en hiver. À la limite des arbres, la saison de croissance est courte, mais les herbes et graminées dont cet animal se nourrit poussent et mûrissent en quelques semaines. Pendant cette période, le pika vit en hauteur sur les feuilles et les tiges succulentes, mais pendant la dernière partie de la saison, il récolte soigneusement suffisamment de nourriture pour passer l'hiver prochain. Rien de ce trésor n'est transporté directement dans le terrier. Au lieu de cela, il est soigneusement transporté vers des zones appropriées exposées au soleil brûlant, puis entassé dans des foin miniatures et laissé à sécher. Aucun moissonneur humain n'a jamais travaillé plus dur pour récolter sa récolte ni la préparer avec plus de soin que ce petit laboureur. Heureusement, ses goûts ne sont pas critiques ; ainsi, bien que les plantes individuelles soient dispersées, le pika est capable de sélectionner une quantité suffisante parmi le nombre considérable d'espèces représentées à cette altitude.

Dans l'Utah et le Colorado, la période de la « fenaison » arrive au plus fort de la saison de floraison estivale. À la limite forestière, cela se produit généralement en août. Comme s'il réalisait qu'un gel violent ruinerait sa récolte délicieusement parfumée, le pika se met furieusement au travail. Après avoir coupé autant d'herbes qu'il peut en traiter en une seule fois, il rassemble la masse en un paquet encombrant et la transporte par voie orale vers l'un des sites qu'il a choisis comme lieu de séchage. Habituellement, ces zones ont été utilisées la saison précédente dans le même but, et il reste une masse de tiges les moins comestibles pour marquer leur emplacement. En déposant la charge sur cette base, le pika se précipite vers un autre paquet. Une longue familiarité avec les itinéraires à travers les rochers accidentés lui permet de se frayer un chemin sans jamais faire de faux pas, même si la charge transportée peut être d'une telle taille que la vision vers l'avant est complètement obscurcie. Travaillant tôt et tard, le pika répartit sa récolte entre les différents tas. Ainsi, le foin sèche uniformément et lorsque le froid interrompt le travail, chaque petit tas est parfaitement séché, sans trace de moisissure. Le travail véritablement monumental auquel se consacre cette petite créature est démontré par jusqu'à une demi-douzaine de foin, dont chacun peut contenir jusqu'à un boisseau ou plus de nourriture.

On sait relativement peu de choses sur l'histoire de la vie du pika. Ce qui a été enregistré l'a été au cours des périodes où on l'a vu à la surface des éboulements rocheux. Ce qui se passe au fond des labyrinthes de son habitat ne peut qu'être conjecturé. Il semble raisonnable de supposer que dans une cavité souterraine le pika a construit un nid confortable bordé d'herbes molles. Il reste certes actif tout l'hiver, bien qu'enfoui sous plusieurs pieds de neige, car au printemps ses meules de foin ont été en grande partie consommées.

On estime que le nombre de jeunes varie de trois à six. Ils naissent probablement au début de l'été, car lorsqu'ils apparaissent à la surface, généralement fin juillet ou début août, ils sont à moitié adultes. Bien que les liens familiaux soient étroitement liés jusqu'à ce que les jeunes atteignent la maturité, les pikas ne peuvent pas être considérés comme des animaux grégaires. La rareté de la nourriture serait à elle seule une raison suffisante pour interdire les grands groupes dans une petite zone. Chaque adulte s'approprie les droits de squatter sur un territoire suffisamment grand pour le supporter, et les détient ensuite avec peu d'interférence de la part d'autres de son espèce.

Peu d'ennemis naturels s'attaquent aux pikas. L'ouverture même de leur habitat empêche les plus gros prédateurs de s'approcher sans être vus. Les faucons et les aigles en comptent, et les belettes sont capables de pénétrer à volonté dans leur labyrinthe souterrain, mais la fécondité naturelle de l'espèce semble très bien compenser ces pertes. Pour l'étudiant en nature, le pika offre un défi tentant. C'est loin d'être un animal rare, mais en même temps c'est un animal dont on ne sait presque rien. Pour connaître ses secrets, il faut être en quelque sorte un mineur et un grand explorateur de l'Arctique.

Écureuil à oreilles pampilles (Abert's)
Sciurus aberti (latin : shade-tail... pour le colonel JJ Abert)

AIRE DE RÉPARTITION : nord de l'Arizona, nord-ouest du Nouveau-Mexique, extrême sud-est de l'Utah et centre-sud du Colorado aux États-Unis ; également trouvé dans les montagnes de la Sierra Madre, au nord du Mexique.

HABITAT : Forêts de pins ponderosa de la Zone de Vie de Transition.

DESCRIPTION : Les seuls écureuils des États-Unis qui ont des poils bien visibles au bout des oreilles. *Sciurus aberti* est un grand écureuil d'une longueur totale d'environ 20 pouces. Queue d'environ 9 pouces. Le pelage d'été est brun sur le dos, avec des flancs gris et des parties inférieures d'un blanc pur. La belle queue touffue est argentée en dessous et grise dessus. En été, les longues oreilles n'ont pas de pompons au bout. Aussi beau que soit le manteau d'été, il est de loin surpassé par celui d'hiver. Ensuite, la fourrure plus épaisse devient d'un brun plus riche sur le dos, et le contraste entre les zones grises et blanches est encore accentué par l'apparition d'une étroite bande noire entre elles. Les oreilles deviennent également plus spectaculaires avec l'ajout de touffes dessinées au crayon qui donnent à cet animal son nom commun. Les habitudes de reproduction de cet écureuil sont variables et dépendent évidemment dans une large mesure de l'approvisionnement alimentaire. Il peut y avoir jusqu'à deux portées au cours d'une année fructueuse et aucune portée au cours d'une année maigre. Le nombre habituel est de trois ou quatre petits par portée. Ceux-ci naissent parfois dans un arbre creux, mais le plus souvent dans un nid volumineux de feuilles construit au sommet d'un arbre.

Aucun mammifère des États-Unis n'a de nom générique plus approprié que le grand écureuil arboricole. *Sciurus* traduit littéralement signifie « queue d'ombre » et fait bien sûr référence à l'appendice magnifique et utile arboré par tous nos types d'écureuils arboricoles. Il est douteux qu'il y en ait un qui puisse égaler le panache frappant porté par *aberti* ; certainement personne ne peut le surpasser. Son caractère distinctif n'est pas dû à sa taille, car plusieurs espèces ont une queue plus longue. Son élégance vient plutôt de la largeur, de la coloration frappante et de la grâce facile avec laquelle l'animal affiche sa beauté. Qu'il soit en plein vol à travers une clairière herbeuse ou au repos sur une branche élevée, la première marque sur le terrain de cet écureuil inhabituel sera la queue ; le second, les oreilles à pampilles.

Comme le montre la carte, *Sciurus aberti* et ses nombreuses formes sont confinées aux États-Unis principalement dans les hautes terres situées le long de certaines parties du fleuve Colorado, ainsi que dans ce grand escarpement connu sous le nom de Mogollon Rim, dont la longueur est divisée à peu près également entre le Nouveau-Mexique et le Nouveau-Mexique. et l'Arizona. Dans cette chaîne se trouve ce qui est souvent appelé « le plus grand peuplement ininterrompu de pins ponderosa que l'on puisse trouver dans ce pays ». Parmi les nombreuses espèces de plantes et d'animaux que l'on trouve en association avec cette forêt, aucune n'est peut-être plus dépendante du pin ponderosa que l'écureuil à glands. Cet arbre à l'écorce rugueuse constitue une source importante de nourriture et d'abri. En échange, comme la nature exige toujours une restitution, les écureuils plantent une partie des graines qui assurent la pérennité des ponderosas.

Il est communément admis que le régime alimentaire des écureuils se compose uniquement de noix. Cela n'est vrai que dans une certaine mesure. Un écureuil aime les noix et les mange et les accumule pendant la courte saison où elles sont disponibles. Pendant la majeure partie de l'année, lorsque ses réserves sont épuisées, il se tourne vers de nombreux autres types de nourriture, parmi lesquels les fruits, les herbes, les bourgeons foliaires et les fleurs. La nourriture préférée de l'écureuil à oreilles en forme de pampille est, bien sûr, les grosses graines à une seule aile trouvées sous les écailles des pommes de pin ponderosa. Viennent ensuite les glands du chêne qui se mêlent au pin au bord inférieur de la zone de vie de transition. Si la saison est bonne, de grandes quantités de cônes et de glands sont enterrés pour une utilisation ultérieure. Ceux-ci sont cachés individuellement, et non dans des caches, comme c'est l'habitude de certains écureuils. Si l'écureuil ne revient pas chercher ses réserves cachées, certaines graines finiront par germer et participeront au lent cycle de croissance et de décomposition qui se déroule continuellement dans la forêt.

Pendant les mois où ces aliments préférés sont rares, les écureuils trouvent la couche de cambium des jeunes brindilles de pin très acceptable. C'est la couche tendre qui se situe entre le bois et l'écorce. Pendant la saison de croissance, il est particulièrement sucré et nutritif. Les Indiens le connaissaient aussi bien que les écureuils, et eux aussi profitaient de l'approvisionnement en période de famine. L'écureuil obtient cette nourriture en coupant les grappes terminales d'aiguilles, puis en coupant une partie dénudée de la branche, d'une taille qui peut être facilement transportée vers son lieu de restauration préféré. Ici, l'écorce externe est habilement enlevée, les parties comestibles consommées et le bois de base jeté au sol. Bien qu'un grand nombre de rameaux terminaux soient prélevés, les arbres ne semblent pas subir de dommages sérieux du fait de cette taille saisonnière.

écureuil à pampilles

En choisissant un site de nidification , l'écureuil à glands se tourne à nouveau vers son arbre préféré, le pin ponderosa. Parce que peu de ces géants en bonne santé ont des nœuds ou des cavités d'une taille suffisante pour accueillir cette grande espèce, les nids sont généralement construits dans l'épaisse partie supérieure des branches. Le matériau pour leur construction est constitué de petites brindilles d'arbres à feuilles caduques, coupées avec leurs feuilles. Celles-ci sont intelligemment tissées ensemble de sorte que lorsque les feuilles se fanent et sèchent, elles ont tendance à maintenir la masse volumineuse ensemble. Les branches de tremble sont fréquemment utilisées lorsqu'elles sont disponibles, les grandes feuilles presque rondes se combinant pour former un mur chaud et en même temps un chaume imperméable à toutes les pluies, sauf les plus battantes. Plusieurs sorties sont prévues au cas où un ennemi entrerait dans le nid, et l'intérieur est doublé de fibres douces. Habituellement, chaque écureuil construit plus d'un nid, de sorte que dans une zone où ils sont communs, les maisons volumineuses se distinguent non seulement par leur taille mais aussi par leur nombre. Avec plusieurs ports en tempête, pour ainsi dire, les écureuils résistent très bien à l'hiver. Pendant les jours les plus froids, ils restent confortablement blottis dans leurs nids, mais par temps clair et calme, on les voit chercher leurs provisions thésaurisées, même s'ils doivent creuser plusieurs centimètres de neige pour y accéder. À ce moment-là, leur aboiement bourru, au timbre profond, peut être entendu à une distance considérable.

La reproduction a lieu au début du printemps, souvent avant la chute des neiges. Les écureuils sont entièrement polygames, ce qui est l'une des raisons pour lesquelles cette espèce peut presque disparaître puis restaurer son nombre en une saison ou deux. Il peut y avoir deux portées chaque année, la première arrivant dès mai et la seconde en août ou septembre. Comme mentionné précédemment, cette espèce est variable et les jeunes peuvent différer par la coloration de leurs parents et les uns des autres. Les individus mélaniques sont fréquents ; il ne faut pas les confondre avec l'écureuil Kaibab auquel ils ressemblent superficiellement. Plusieurs formes sous-spécifiques sont reconnues mais ne sont pas facilement identifiées par le profane.

La première introduction à cette belle espèce est une expérience dont on se souviendra longtemps. Elle n'était pas moins intéressante pour les premiers naturalistes qui furent les premiers à pénétrer dans les régions sauvages où elle vivait. Leurs récits regorgent d'adjectifs tels que « beau », « gracieux », etc. Le Dr SW Woodhouse, qui a accompagné l' expédition Sitgreaves lors de l'exploration des rivières Zuni et Colorado, l'a immédiatement remarqué et l'a formellement décrit comme une espèce en 1852. Depuis cette époque, il a été introduit dans de nombreuses « îles célestes », montagnes situées au sud de son aire de répartition d'origine. Il s'adapte très bien aux nouvelles conditions, semblant n'avoir besoin que d'un climat favorable et d'une forêt de pins ponderosa pour vivre. On ne sait pas encore quel effet sa présence aura sur ce nouvel environnement. Il existe toujours un danger que les plantes et les animaux indigènes souffrent d'une telle nouvelle concurrence au sein d'une association établie. De telles introductions ne devraient jamais être faites sans une étude de tous les facteurs impliqués.

Écureuil Kaibab
***Sciurus kaibabensis* (latin : shade-tail... du Kaibab,
une forêt du nord de l'Arizona)**

AIRE DE RÉPARTITION : Une zone d'environ 30 × 70 miles dans le nord de l'Arizona. La limite sud est délimitée par le bord nord du Grand Canyon du Colorado, et une grande partie de l'aire de répartition est incluse dans les limites du parc national du Grand Canyon.

HABITAT : Forêts de pins ponderosa dans les zones de transition biologique du Canada et supérieures.

DESCRIPTION : Un écureuil aux oreilles en pompon avec une queue *toute blanche* . En taille, cette espèce est la même que *Sciurus aberti* mais la coloration est différente. L'écureuil Kaibab a la même riche zone brun châtain le long du dos et de la partie supérieure de la tête, mais les côtés sont d'un gris foncé et les parties inférieures sont grises à noires. La queue est soit entièrement blanc argenté, soit elle peut avoir une bordure gris clair à peine perceptible sur la surface supérieure. Les habitudes de nidification et de reproduction sont les mêmes que chez *aberti* .

Écureuil Kaibab

Ce bel écureuil a une apparence distinctive et un rang spécifique incertain. Il est inclus ici car, parmi tous les mammifères abordés dans ce livret, il illustre le mieux les effets de l'isolationnisme. Il ne fait aucun doute que les ancêtres d' *aberti* et *de kaibabensis* étaient d'une même souche commune. La façon dont les ancêtres de l'écureuil Kaibab se sont retrouvés abandonnés sur la rive nord du Grand Canyon n'a que peu d'importance. Peut-être étaient-ils déjà là lorsque le plateau du Colorado était jeune et que le fleuve commençait tout juste sa puissante tâche. Il est possible qu'ils aient émigré plus tard, lorsque la gorge n'était pas aussi profonde qu'elle l'est aujourd'hui. Quoi qu'il en soit, on peut supposer qu'ils vivent sur la rive nord depuis des milliers d'années, isolés de leurs cousins de la rive sud par seulement 20 miles d'air raréfié horizontalement, mais un voyage à pied qui implique une descente d'un mile à travers deux zones de vie (Upper Sonoran et Lower Sonoran), une traversée d'une rivière large et turbulente et une ascension vers la rive sud à travers les deux mêmes zones désertiques. Il s'agit sûrement d'une entreprise pour un écureuil des forêts fraîches qui serait trop risquée pour réussir, même si elle était tentée.

Les facteurs qui ont modifié la coloration de cet écureuil ne sont pas connus avec certitude, mais les conditions climatiques en sont probablement au moins en partie responsables. La rive nord est environ mille pieds plus haute que la rive sud et est considérablement plus froide. À cette altitude plus élevée, une grande partie de l'habitat de l'écureuil Kaibab se situe dans la zone de vie canadienne. Cela rend disponible certains aliments végétaux rares ou inconnus sur la rive sud. Ainsi, le régime alimentaire peut également avoir quelque chose à voir avec son apparence inhabituelle.

À diverses époques, l'écureuil Kaibab a été connu comme une espèce distincte, *Sciurus kaibabensis* ; dans d'autres, il a été considéré simplement comme une sous-espèce de *Sciurus aberti* . Ce dernier est sa position à l'heure actuelle. Quel que soit son rang spécifique, c'est une forme qui doit être strictement protégée. La population est petite et subit les mêmes fluctuations que *Sciurus aberti* . Au cours de l'été 1946, un seul individu était connu dans la zone autour du Grand Canyon Lodge, où ils étaient généralement trouvés en petit nombre. Dans de tels moments, la destruction inconsidérée de quelques écureuils seulement pourrait entraîner l'extermination de cet animal rare et magnifique.

Écureuil gris d'Arizona
Sciurus arizonensis (latin : queue d'ombre... de l'Arizona)

AIRE DE RÉPARTITION : du centre au sud-est de l'Arizona et dans les parties adjacentes de l'ouest du Nouveau-Mexique dans les zones de vie du Haut Sonora et de Transition.

HABITAT : Associé aux noyers noirs indigènes des canyons, ou souvent trouvé parmi les pins au bord des canyons.

Dᴇsᴄʀɪᴘᴛɪᴏɴ : L'écureuil gris commun se trouve dans l'aire de répartition indiquée ci-dessus. Le gris d'Arizona est un gros animal. La longueur totale est de 20 à 24 pouces avec une grande queue représentant de 10 à 12 pouces de cette mesure. Dans la forme typique, la couleur est gris foncé dessus avec les parties inférieures et les pieds blanc pur. La queue est également gris foncé avec une marge blanc argenté. Les plus beaux exemples de cette espèce se trouvent le long du bord du Mogollon Rim en Arizona et au Nouveau-Mexique. Plus au sud, le pelage a souvent une teinte jaunâtre ou brunâtre. Dans les montagnes frontalières, il ne faut pas confondre l'écureuil gris d'Arizona avec l'écureuil renard du Mexique (écureuil Apache) qui envahit ici à peine les États-Unis. Le cousin mexicain, à peu près de la même taille que *Sciurus arizonensis*, est nettement brun jaunâtre et a le dessous plus clair de la même couleur. Comme les autres grands écureuils arboricoles de l'ouest, le gris d'Arizona construit un nid volumineux de feuilles et de brindilles, généralement dans les branches supérieures d'un arbre à feuilles caduques. Jeunes, quatre ou cinq par portée ; dans des conditions exceptionnellement favorables, deux portées peuvent être élevées en une seule saison.

Comparé à la tribu royale des écureuils d'Abert , cet animal gris commun du Sud-Ouest semble n'être qu'un paysan. Quand on le voit seul, les comparaisons sont oubliées. Délibéré dans ses mouvements, qu'il traverse le sol forestier ou qu'il parcoure les allées feuillues de la cime des arbres, il semble toujours avoir calculé sa prochaine manœuvre. Le résultat est une grâce insouciante qui met en valeur le corps robuste et la belle queue. De tempérament calme et avec peu de la nature méfiante caractéristique des petits écureuils, le gris d'Arizona peut facilement être apprivoisé en extérieur et devient l'un des amis sauvages les plus satisfaisants. Il n'est cependant pas recommandé de les nourrir avec la main ou de les manipuler à aucun moment. « La familiarité engendre le mépris » est un dicton qui ne s'applique pas uniquement aux humains. La morsure d'un écureuil peut être à la fois grave et douloureuse.

Mearns et Bailey, qui ont écrit sur cette espèce il y a de nombreuses années, la mentionnent comme étant présente principalement parmi les noyers de la zone de vie du Haut Sonora. Peut-être qu'au cours des années qui ont suivi , la pression de la civilisation les a chassés de leur habitat de prédilection vers des altitudes plus élevées. Quoi qu'il en soit, même s'ils fréquentent encore les vallées les plus isolées, on les retrouve désormais en nombre considérable parmi les pins de la Zone de Vie de Transition. Le pays accidenté et accidenté le long du bord de Mogollon semble le mieux adapté à leurs besoins, et ils y sont désormais assez abondants.

Écureuil gris d'Arizona

Le long de la frontière des zones de vie du Haut Sonora et de transition, cet animal adaptable trouve une grande variété de nourriture. Bien que les écureuils soient généralement connus pour cueillir et stocker des noix, il existe de nombreux autres types de nourriture végétale qu'ils consomment lorsque les conditions le justifient . La couche de cambium de l'écorce et les bourgeons foliaires de diverses espèces d'arbres sont consommés au printemps lorsque les réserves de noix sont épuisées. Les baies, les fruits et même les fleurs constituent une part considérable de l'alimentation en été. À l'automne, la récolte de pignons de pin et de noix qui mûrissent fournit non seulement de la nourriture pour un usage immédiat, mais aussi des réserves pour la longue saison hivernale où, à moins d'en avoir suffisamment accumulé, les malheureux peuvent mourir de faim. La période de collecte est une période de travail acharné. De l'aube au crépuscule, les écureuils travaillent fébrilement à transporter des noix jusqu'aux cachettes qu'ils ont choisies. Parfois, ceux-ci se trouvent dans un arbre creux ou dans un nid, mais généralement la récolte est enfouie dans l'humus et les débris qui s'accumulent à la base des arbres.

Les travaux comportent deux phases. Dans la première, l'écureuil travaille dans l'arbre, coupant les cônes ou les noix et les laissant tomber au sol. Lorsqu'un nombre considérable en a été renversé, il descend et les emporte un à un. Cette dernière opération est la plus dangereuse puisque les ennemis ont un avantage indu sur cet aérien lorsqu'il est au sol. Lors de la récolte, les écureuils montrent clairement les effets de leur travail. En ramassant des pommes de pin , la fourrure de leurs pattes antérieures et du dessous devient emmêlée de poix. Le jus des fruits de la noix (apparenté au noyer noir oriental, *Juglans nigra* , que les premiers pionniers utilisaient comme source de teinture pour colorer leurs tissus tissés à la main) tache leurs parties inférieures d'un brun sale. Ces marques de leur travail restent avec eux jusqu'à ce que leur pelage d'été soit abandonné pour laisser la place au lourd pelage d'hiver.

Lorsque le nom générique *Sciurus* (qui signifie queue d'ombre) est mentionné, je pense à un écureuil gris d'Arizona que j'ai observé il y a plusieurs années. À la fin de l'automne, ma femme et moi campions près du cours supérieur de la rivière Hassayampa, dans une forêt mixte de feuillus et de conifères. Notre arrivée avait interrompu le travail d'un écureuil qui ramassait des noix à proximité immédiate, mais il s'habitua bientôt à notre présence et reprit ses activités. Chaque heure ensoleillée, il était occupé à stocker les noix, la plupart au pied d'un vieux pin près du camp. Peu de temps après, une tempête automnale s'est déclarée et a duré plusieurs jours. Le phénomène s'est transformé en une bruine brumeuse suivie de périodes de temps plus clair pendant lesquelles le soleil pouvait apparaître pendant quelques minutes. Pendant les périodes ensoleillées, l'écureuil apparaissait, mais dès que le temps redevenait couvert, il disparaissait tout aussi rapidement. Finalement nous avons découvert sa retraite. Lorsqu'il menaçait de pleuvoir davantage , il courait sur le tronc du pin jusqu'à la première branche. Ici, il tournait sa croupe vers le trou et se courbait en une petite boule de poils avec sa longue queue touffue posée en avant sur son dos et sa tête et s'étendant devant son nez, formant une protection admirable contre les quelques gouttes qui éclaboussaient à travers. le feuillage épais au-dessus.

Les écureuils ne sont pas les seuls animaux à utiliser leur queue touffue pour se protéger des éléments. De nombreux mammifères se recroquevillent et enroulent leur queue autour d'eux pour se réchauffer, mais seule la tribu des écureuils a une queue suffisamment longue, large et plate pour servir de toit. Bien que l'origine du terme *Sciurus* ait été perdue, il n'est pas exagéré de supposer qu'il a été suggéré par l'utilisation par un écureuil de sa queue comme parasol.

Écureuil d'épinette, Écureuil de pin
(ÉCUREUIL DOUGLAS, CHICKAREE)
Tamiasciurus hudsonicus fremonti (grec : tamia , intendant et latin : sciurus , shade-tail... de l'Hudson, du nom de Fremont)

écureuil épicéa

RÉPARTITION : Utah, Colorado, Arizona et Nouveau-Mexique dans les zones biologiques hudsoniennes et canadiennes.

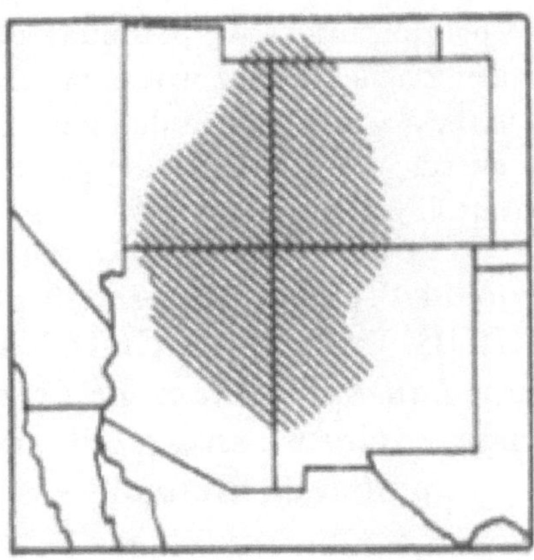

HABITAT : Forêts de conifères, de préférence d'épicéas, en haute montagne.

DESCRIPTION : Un petit écureuil gris, généralement le seul écureuil présent à l'altitude où il vit. Longueur totale 13 à 14 pouces. Queue de 5 à 6 pouces. Deux couleurs distinctes de pelage sont saisonnières. Le pelage d'hiver est gris olive à gris roux sur le dessus avec le dessous plus clair ; le pelage d'été est gris brunâtre à gris jaunâtre avec le ventre et les pattes presque blancs. Une bande noire sur les côtés est visible en toutes saisons. La queue est étroite et sensiblement plus courte que le corps. Il est gris dessous, gris roux dessus, avec une bordure noire et une pointe noire. On sait peu de choses sur les habitudes de reproduction. Les quatre petits naissent au début de l'été et, en août, ils sont généralement en train de chercher de la nourriture avec leur mère.

Les écureuils d'épinette (répartition indiquée sur la carte ci-jointe) comprennent plusieurs des plus de deux douzaines de variétés d'écureuils roux aux États-Unis appartenant à l'espèce *hudsonicus*. Associés à plusieurs sous-espèces d'écureuils de Douglas (espèce *douglasi*, la « mésange » des montagnes de l'extrême ouest), ils constituent le genre *Tamiasciurus*. Ce terme, une forme combinant *Tamias* (le genre des tamias) et *Sciurus* (celui des écureuils), indique clairement la relation des écureuils roux avec les deux groupes. Cela est également apparent dans les champs où la queue courte et étroite, la bande noire sur le côté et la disposition nerveuse rappellent les tamias, tandis que les habitudes arboricoles, la taille relativement grande et l'écorce qui toussent ressemblent distinctement à celles d'un écureuil.

L'écureuil de l'épinette est rarement, voire jamais, trouvé en dessous d'une altitude de 6 500 pieds, et seulement dans les canyons ombragés situés à l' exposition nord des montagnes. À partir de ce point bas, on le trouvera jusqu'à la limite des arbres, ou plutôt juste en dessous du point où les arbres sont trop rabougris pour offrir la protection requise. Il préfère l'ombre dense des zones fortement boisées, il est donc rare près de la limite sud de son aire de répartition et de plus en plus commun dans la partie nord.

Comme le reste de son groupe, ce petit animal aux yeux brillants se tient bien informé de tout ce qui se passe sur le territoire qu'il a choisi comme sien. Tout intrus fait l'objet d'une enquête approfondie, puis est tout aussi sévèrement fustigé et chassé si possible. Puisque ces écureuils semblent reconnaître le domaine de chacun, un intrus de son espèce part généralement au premier signe de problème. Avec des animaux plus gros et des humains, l'attaque consiste en une guerre psychologique plutôt que physique. Depuis un membre situé à une distance sûre du sol, le vaillant guerrier bavarde et gronde avec une véhémence croissante tant qu'un intérêt passif est affiché par l'adversaire imaginaire. Au premier mouvement menaçant, il disparaît en un éclair du côté opposé de l'arbre. Des bruits de grattage et des chutes de flocons d'écorce, ainsi que des bruits de défi maussade, indiquent qu'il remonte le tronc. Soudain, il réapparaît sur un autre membre, à une certaine distance au-dessus du premier, et le véritable spectacle commence. Des paroxysmes de rage, des trépignements de pieds, des mouvements de queue et des flots d'invectives sont tous destinés à montrer qu'un pas de plus est synonyme de problèmes. Quelques grincements de vos lèvres pincées et ce formidable bluff cède à la curiosité. En quelques minutes, l'ancien challenger est de retour sur la première branche, essayant de comprendre de quoi il s'agit cette étrange créature. Cette procédure amusante peut être répétée encore et encore, et c'est généralement le cas, simplement pour observer les rages bégaiantes dont cette petite créature est capable. Avec un traitement plus attentionné, ils deviennent vite tout à fait apprivoisés, même si même dans ce cas, un mouvement rapide les fera hésiter. avancez jusqu'à l'arbre le plus proche.

C'est bien que cet écureuil soit un travailleur rapide et infatigable. Les graines qu'il extrait des cônes d'épinette sont si petites qu'il en faut une quantité énorme pour fournir cette énergie. Avec une telle quantité à manipuler, il n'est pas aussi prudent dans le stockage de la récolte que certains écureuils plus gros. Relativement peu de cônes sont enfouis dans le limon mou sous les arbres ; le reste est fourré dans des trous sous les racines étalées ou simplement empilé en tas près de la base du tronc. Au cours d'une année où les cônes sont abondants, il peut y avoir un boisseau ou plus dans l'un de ces tas. Avec plusieurs de ces tas à proximité du nid chaud fixé dans les branches d'un conifère voisin, la petite moissonneuse a des perspectives d'hiver facile à venir. Ce n'est que par mauvais temps que ces animaux actifs sont confinés dans leurs nids. Ils gardent les tunnels ouverts à leurs ravitaillements, et chaque chute de neige ajoute à la sécurité des caches. Tout au long de l'hiver, les stocks diminuent tandis que la neige sous certains perchoirs préférés est jonchée d'écailles et de centres de cônes abandonnés. Au printemps, qui arrive tard à cette altitude, les cônes ont disparu et l'écureuil retourne à son régime estival composé de bourgeons de feuilles, de graines, de baies, de champignons et d'herbes.

L'écureuil d'épinette est le dernier de ce que l'on pourrait appeler les véritables écureuils dans ce livre et, parce que le groupe a beaucoup en commun en ce qui concerne la nourriture, les ennemis et les relations avec l'humanité, un bref résumé pourrait s'imposer.

Comme nous l'avons mentionné, le régime alimentaire principal de ces animaux est végétal. Cependant, tous, si l'occasion s'en présente, prendront des œufs et des oisillons d'oiseaux. Il ne s'agit en aucun cas d'une condamnation de la tribu des écureuils. Leurs incursions dans la population d'oiseaux constituent ce que l'on pourrait appeler des « pertes naturelles ». La nature a établi depuis longtemps une norme de reproduction des oiseaux qui prend en compte ces pertes.

Les ennemis des écureuils sont légion. Depuis les airs, les plus grands faucons et hiboux, et même les aigles, sont toujours prêts à fondre sur eux. Au sol, les lynx, les lynx roux, les renards et les coyotes font des ravages. Dans le nord de l'Utah et du Colorado , la martre est l'un des contrôles locaux les plus importants de la population d'écureuils. Rapide et puissante, la martre est aussi à l'aise au sol que dans les arbres, et c'est un écureuil chanceux qui peut en échapper. Le bilan de tous ces prédateurs est élevé, mais la fécondité naturelle de l'écureuil est si grande que la population devient parfois incontrôlable et que la maladie doit éliminer le surplus.

Dans leur relation avec l'homme, les écureuils comptent parmi les mammifères indigènes les plus remarquables. Ce n'est généralement pas le but de ce livre de souligner l'importance économique de nos mammifères, mais le travail bénéfique effectué sur les écureuils est trop important pour être ignoré. Les forêts sont l'une des ressources naturelles les plus précieuses de l'Amérique. Dans le sud-ouest aride, les manteaux de verdure qui recouvrent les montagnes sont inestimables. Ce sont des déclarations radicales, mais ce sont des faits sobres.

Les écureuils jouent un rôle considérable dans la perpétuation de ce patrimoine national. Le fait qu'ils le fassent plus ou moins accidentellement sert simplement à attirer l'attention sur les schémas subtils selon lesquels tous les êtres vivants se déplacent pour se servir les uns les autres. Prenez par exemple leur simple mécanisme de stockage d'une pomme de pin. Un trou est creusé à une profondeur de plusieurs pouces dans la terre molle sous un conifère ombragé. Le cône est poussé fermement dans le fond du trou et mis en place par plusieurs poussées vigoureuses du nez. Ensuite, le trou est soigneusement rebouché et aplani afin qu'aucun maraudeur ne le découvre. Cette procédure peut être répétée des centaines de fois par une seule personne. Si l'animal ne revient jamais (et que le taux de mortalité chez les écureuils est élevé), le cône peut être considéré comme planté. Non seulement il est planté à la bonne profondeur et dans le matériau le plus approprié pour une germination et une croissance réussies, mais il regorge de graines dodues et fertiles. Par instinct, l'écureuil sait quelles noix et quels cônes sont sains et pleinement développés. Si vous en doutez, examinez certains de ceux qu'ils ont laissés sur l'arbre. Invariablement, ils seront infestés d'insectes ou « inférieurs » à d'autres égards. L'une des sources privilégiées de pignons de pin pour les projets de reforestation dans les États du Nord sont les stocks d'écureuil roux. Les écailles des cônes sont bien fermées au moment de la récolte, mais lorsqu'elles s'ouvrent sur l'aire de séchage, les noix saines et fertiles prouvent le jugement infaillible du récolteur.

Écureuil volant du Nord
Glaucomys sabrinus (grec : glauco , argenté et grec : mys , souris)

RÉPARTITION : Largement distribuée dans la plupart de nos États du Nord et au Canada. Dans la section couverte par ce livre, on le trouve uniquement dans le nord-est et le centre-sud de l'Utah, avec une présence possible dans le nord-ouest du Colorado.

HABITAT : Associé aux forêts de conifères de Transition vers les Zones de Vie Alpines.

DESCRIPTION : Notre seul mammifère aéroporté doté d'une longue queue touffue. Longueur totale 9¾ à 11½ pouces. Queue de 4½ à 5½ pouces. La caractéristique de cette espèce est le pli de peau de chaque côté, de l'avant à la patte arrière. Il existe une variation de couleur considérable parmi les nombreuses sous-espèces de cet écureuil. En général, les parties supérieures varient du brun foncé au brun cannelle. Côtés du visage gris ; parties inférieures blanches à cannelle rosées. Les pattes postérieures sont brunes, les pattes antérieures grises. La membrane volante est noir brunâtre sur le dessus, blanche à cannelle en dessous. Les yeux sont grands et brun foncé. Jeunes, deux à six dans une portée, nés au printemps ; une deuxième portée est parfois produite au début de l'automne.

Parce que les écureuils volants sont presque entièrement nocturnes, ils sont rarement vus. C'est dommage, car ils font partie des créatures forestières les plus intéressantes. Il est probable que plus de gens ont vu des écureuils volants grâce aux prédations d'un chat domestique que par tout autre moyen. Doux et sans peur, les écureuils sont des proies faciles pour ce rôdeur nocturne, qui les ramène parfois à la maison pour les montrer à leurs propriétaires. Curieusement, les victimes ne sont souvent pas gravement blessées et, si elles sont retirées du chat et autorisées à se remettre de leur frayeur initiale, elles glisseront dans la pièce avec une grande partie de la grâce dont elles font preuve dans la nature.

A proprement parler, ces écureuils ne volent pas ; c'est-à-dire qu'ils sont incapables de maintenir un vol en palier ou ascendant. Au lieu de cela, ils grimpent à une certaine hauteur dans un arbre, puis se lancent et glissent vers un point plus bas, généralement le tronc d'un autre arbre. Comme l'angle est généralement assez prononcé , ils atteignent une vitesse considérable. Ils freinent cet élan en s'inclinant vers le haut juste avant d'atteindre leur objectif. Il en résulte un atterrissage en quatre points contre le tronc de l'arbre, avec parfois un impact qui peut être entendu à une certaine distance par une nuit calme. Au cours de ces vols, qui peuvent s'étendre sur 50 mètres ou plus, ils sont capables de changer de direction ou de manœuvrer contre les courants de vent. Cela se fait en manipulant la membrane volante et en utilisant la queue comme gouvernail. Après un vol, ils montent généralement vers la sécurité du feuillage au-dessus. Ils ne peuvent pas être considérés comme gênants au sol, mais ce n'est pas leur habitat de prédilection. Les écureuils volants sont plus arboricoles que n'importe lequel de nos mammifères, à l'exception de quelques espèces de chauves-souris.

écureuil volant du nord

On sait peu de choses sur les habitudes de cet écureuil inhabituel, mais elles diffèrent considérablement de celles de ses parents actifs pendant les heures ensoleillées. Au lieu de vivre dans un nid volumineux accroché aux branches d'un arbre, cet aérien nocturne choisit un arbre creux ou un terrier de pic abandonné où les rayons du soleil ne pénètrent jamais. Des nids ont également été trouvés sous des plaques d'écorce accrochées à de vieux chicots projetés par la foudre. Tapissés de fibres douces et d'écorce déchiquetée, ils abritent souvent des familles entières d'écureuils volants car, contrairement aux autres écureuils, ces douces créatures s'entendent bien. En fait, on pourrait presque les considérer comme grégaires. Contrairement au comportement ordinaire des écureuils, ils n'aboient ni ne grondent jamais. Leur seul cri est un sifflement fin, qui ne s'entend généralement que dans le nid.

Bien que d'apparence délicate, l'écureuil volant est extrêmement robuste. Il est à l'étranger tout l'hiver et n'est confiné dans son nid que par temps orageux. Il stocke de la nourriture pour l'hiver, mais ses caches sont généralement situées au-dessus du sol, dans des arbres creux et des crevasses, plutôt qu'enfouies dans le terreau. Leur nourriture se compose principalement de pignons de pin, de graines et de glands, mais ils aiment aussi la viande. De nombreux écureuils volants ont trouvé la mort en essayant de mordre à l'hameçon d'un piège tendu pour le plus gros gibier. Ce goût est inexpliqué ; on ne sait pas qu'il s'attaque à d'autres animaux.

Tamias occidentaux
Genre *Eutamias* (grec : eu , bien ou bon et tamias , intendant)

Il existe au moins quatre espèces de tamias originaires de la zone couverte par ce livre. Habituellement, seule une, ou peut-être deux espèces d'un genre ont été choisies pour la discussion. Dans ce cas, cependant, les tamias sont de petites créatures si provocatrices et leur présence suscite tellement d'intérêt que les quatre espèces seront incluses, bien que brièvement. Étant donné que les aires de répartition et les zones de vie de certaines d'entre elles se chevauchent dans de nombreuses zones, l'identification positive d'une espèce sera difficile dans ces endroits, mais dans d'autres, une espèce sera dominante ou seule. Ici, les caractéristiques et les comportements les plus subtils de ce type peuvent être fixés à l'esprit et, avec le temps, il sera moins difficile de séparer les uns des autres. N'oubliez pas que la plupart de ces espèces possèdent plusieurs sous-espèces. Ceux-ci se produisent généralement le long des bords supérieurs ou inférieurs de la zone de vie fréquentée par le type. Sur le terrain, ils sont généralement impossibles à distinguer du type, sauf pour l'observateur le plus expérimenté.

1. Tamia du Colorado (*Eutamias quadrivittatus*)

Tamia du Colorado

AIRE DE RÉPARTITION : nord de l'Arizona, nord du Nouveau-Mexique, la majeure partie de l'Utah et la partie la plus septentrionale du Colorado. Ce tamia vit en grande partie dans la zone de vie en transition. L'espèce étroitement apparentée *umbrinus* , communément appelée « tamia d'Uinta », habite les zones de vie canadienne et hudsonienne dans les monts Uinta et Wasatch, dans le nord-est de l'Utah.

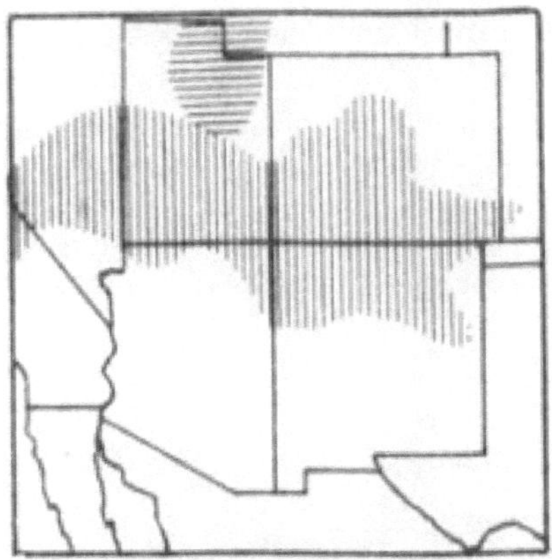

Colorado

Tamia Uinta

2. Tamia à cou gris (*Eutamias cinereicollis*)

tamia à cou gris

AIRE DE RÉPARTITION : Centre de l'Arizona vers l'est jusqu'au sud-ouest et au centre-sud du Nouveau-Mexique. Longueur totale 7½ à 10 pouces. Queue 3½ à 4 ½ pouces . Zone de vie de transition et supérieure. *Cou et épaules gris.*

3. Petit tamia (*Eutamias minime*)

le moins tamia

RÉPARTITION : Ouest du Colorado, ouest de l'Utah, nord et est de l'Arizona, nord et centre du Nouveau-Mexique. Habite toutes les zones du Haut Sonora à l'Alpine. Longueur totale 6 ⅔ à 9 pouces. Queue de 3 à 4 ½ pouces. *Le plus petit tamia avec proportionnellement la queue la plus longue. Queue portée vers le haut lors de la course.*

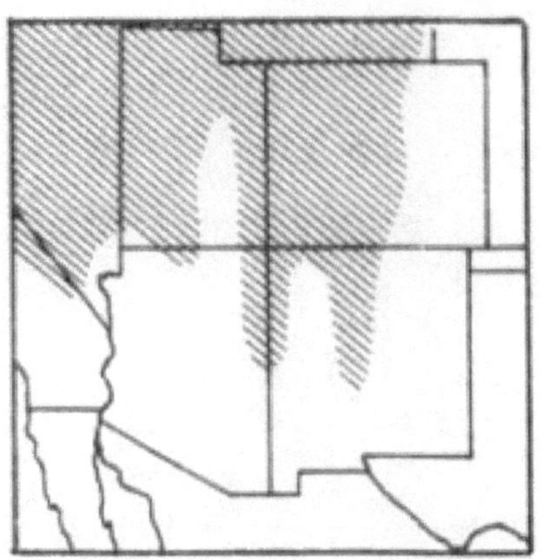

4. Tamia des falaises (*Eutamias dorsalis*)

tamia des falaises

RÉPARTITION : Nord et ouest de l'Utah, s'étendant jusqu'au sud-est de l'Arizona et à l'ouest du Nouveau-Mexique. Trouvé principalement dans la zone du Haut Sonora. Longueur totale 8 ⅘ à 9 ½ pouces. Queue 3 ⅘ à 4 ½ pouces. *Le plus indistinctement rayé de tous ces tamias.*

De manière générale, les tamias constituent le lien entre les écureuils terrestres et les écureuils arboricoles. Physiquement, ils présentent les caractéristiques des deux groupes, une combinaison qui est vraiment agréable. Une marque de terrain qui constitue une identification positive du groupe des tamias est le visage rayé. En plus des rayures sur le visage, les tamias sont également rayés le long du dos. Le motif consiste en une ligne médiane sombre à noire bordée de deux lignes similaires d'intensité variable de chaque côté. Ces ridules sont séparées par des bandes plus larges de couleur contrastée allant du marron au blanc. Cette dernière caractéristique est partagée par plusieurs écureuils terrestres, qui sont souvent confondus avec les tamias. Les couleurs prédominantes des tamias du sud-ouest vont du roux, du marron et du blanc grisâtre avec les lignes sombres à noires mentionnées ci-dessus. Les parties inférieures sont toujours considérablement plus légères que le dos. La queue des tamias est généralement plus courte que leur corps, aplatie horizontalement et à poils courts par rapport aux écureuils arboricoles. Toutes les espèces ont des poches sur les joues d'une capacité considérable.

Comme le montrent les aires de répartition indiquées ci-dessus, l'habitat des tamias englobe toute la zone, depuis les contreforts couverts d'armoises jusqu'à la limite des arbres. Toutefois, leur population la plus dense se trouve dans une forêt épaisse, à mi-chemin entre ces deux extrêmes. Ici, leurs couleurs vives et leurs actions enjouées contribuent grandement à égayer un environnement sombre. Malgré leur formidable capacité d'escalade, on les voit le plus souvent au niveau du sol ou juste un peu plus haut. Ils aiment les zones contenant des arbres tombés. Les troncs prostrés servent admirablement de routes pour leurs incursions à la recherche de nourriture, et sous les détritus qui s'accumulent autour d'eux se trouvent de nombreux refuges dans lesquels un tamia aux abois peut surgir lorsqu'il est poursuivi par un ennemi. Le territoire approprié par chacune de ces petites créatures est exploré avec le plus grand soin, et tous les lieux de refuge sont notés pour les urgences futures. Toute tentative de les poursuivre révélera leur étrange souvenir de ces cachettes temporaires et le fait qu'ils se trouvent rarement à une grande distance de l'une d'entre elles.

Leurs maisons permanentes sont généralement souterraines, creusées sous les racines des arbres ou dans un terrain rocheux. Au bout d'un tunnel étroit se dessine une salle de taille considérable. Le déblaiement est souvent évacué par un tunnel latéral, qui est bouché de manière permanente par de la terre une fois l'excavation terminée. La chambre souterraine est tapissée d'herbes douces et de fibres comme isolant contre le froid. Aux altitudes plus élevées, le sol peut geler jusqu'à plusieurs pieds de profondeur pendant les longs hivers. Les nids permanents sont parfois construits dans des rondins creux, mais presque jamais dans des trous dans des arbres dressés. Les tamias ont peu de goût pour les appartements à l'étage. En plus de la grande cavité qui contient le nid, plusieurs chambres de stockage sont construites pour contenir la nourriture d'hiver. Ceux-ci peuvent être reliés à l'appartement principal par des tunnels ou être totalement indépendants des pièces d'habitation et à une certaine distance. La particularité est que bon nombre des maisons les plus élaborées disposent d'une pièce séparée réservée aux installations sanitaires. Comme la plupart de nos rongeurs indigènes, les tamias sont rigoureusement propres dans leurs habitudes.

Il est difficile de discuter des habitudes d'un groupe aussi vaste et aussi largement répandu que celui de nos tamias du sud-ouest, sinon de la manière la plus superficielle. En général , ils sont beaucoup plus terrestres que les écureuils et préfèrent les terrains broussailleux et rocheux aux forêts plus ouvertes fréquentées par leurs plus grands parents. Néanmoins, ils sont d'habiles grimpeurs et n'hésitent pas à grimper dans les arbres à la recherche de nourriture ou pour échapper à leurs ennemis. Ces excursions arboricoles se limitent généralement à un seul arbre ; ils ne tentent pas habituellement les sauts audacieux de l'un à l'autre qui sont caractéristiques des écureuils. Ils progressent tranquillement au sol, se faufilant dans les sous-bois avec une telle maîtrise que leur présence passe souvent inaperçue.

Normalement, les tamias sont des créatures timides au premier abord, mais si leur amitié est encouragée , ils deviennent souvent audacieux au point de ne plus être les bienvenus. Malheur au campeur dont la boite à vers est envahie pendant son absence. Ces minuscules opportunistes peuvent emporter une quantité surprenante de nourriture en très peu de temps. Leur régime alimentaire naturel diffère considérablement selon l'habitat. Les tamias des contreforts mangent une grande variété de graines de graminées, de baies et de fruits de cactus. Ce sont probablement les aliments préférés de tout le groupe, mais à mesure que l'altitude augmente, cette offre devient limitée et est complétée par des baies de genièvre, des glands et des pignons de pin. Des quantités considérables de ces aliments moins périssables sont réservées aux besoins futurs. Pendant les mois d'été, les herbes, les champignons, les petits tubercules et certains insectes ajoutent de la variété à un menu autrement sec.

Il est peu probable que des tamias du sud-ouest entrent en véritable hibernation pendant l'hiver. Ceux des altitudes inférieures sont actifs tout au long des mois les plus froids, sauf lorsqu'une période de temps exceptionnellement défavorable les oblige à rester sous terre pendant quelques jours. À des altitudes plus élevées, ils disparaîtront, peut-être pendant des semaines, mais on suppose qu'ils restent actifs dans leurs quartiers souterrains. Le fait qu'à l'automne, ils ne pondent pas sur une couche de graisse, comme de nombreuses espèces connues pour hiberner, conforte cette théorie.

Les habitudes de reproduction des tamias ne sont pas très connues. Le nombre de jeunes est en moyenne de quatre à six. Les espèces vivant à basse altitude donnent parfois naissance à deux portées par an ; ceux à des altitudes plus élevées sont limités à un. Comme les écureuils terrestres, les jeunes sont capables de quitter le terrier à peine à moitié adultes. À ce jeune âge, ils présentent une apparence plutôt ridicule avec leur grosse tête et leur queue aux poils clairsemés. C'est une période de grand danger, car les jeunes sont facilement attrapés par des prédateurs qui seraient facilement évités par un individu mature. Les principaux prédateurs des tamias sont les lynx roux, les faucons, les renards et les coyotes. Les deux derniers creusent souvent les terriers. La martre est peut-être leur pire ennemi, mais heureusement pour la tribu des tamias, c'est un animal rare dans toute son aire de répartition.

Les tamias sont assez communs dans plusieurs de nos parcs et monuments nationaux du sud-ouest. Malgré les signes du contraire, le public ne peut s'empêcher de nourrir ces petits mendiants, et nombreuses sont les situations qui découlent de cette pratique. Je me souviens avoir campé dans le parc national de Bryce Canyon, où le moindre tamia est un résident commun. À notre retour de Rainbow Point, un jour, nous avons aperçu un tamia avec des poches de joues bombées quittant notre tente pour sa tanière quelque part au bord du canyon. Nous avons découvert que notre visiteur était entré dans la boîte à larves et avait rongé un joli trou dans le dessus d'un carton de riz. Bien que nous soyons partis depuis peu de temps, plus de la moitié du contenu avait déjà été emporté. C'était une situation qui devait être réparée, alors nous avons décidé de donner une leçon au maraudeur. Lors de son voyage de retour, nous avons attendu qu'il soit entré dans le carton, puis nous avons placé un torchon sur le trou. La fenêtre en cellophane sur le côté du carton nous offrait une excellente vue sur notre prisonnier. Interrompu dans son pillage, il essaya d'abord de sortir du carton mais, ne trouvant pas d'issue, il se remit à remplir ses joues de riz. Lorsqu'ils furent remplis à pleine capacité, il se rassit calmement et leur rendit regard pour regard. Finalement, nous l'avons laissé partir et lui avons donné le reste du riz, exigeant autant de paiement que possible en prenant des photos de son travail.

Écureuil terrestre à mante dorée
***Citellus lateralis* (latin : citellus , martinet et lateralis, appartenant au côté, faisant référence à la bande le long du côté)**

AIRE DE RÉPARTITION : Ouest des États-Unis et Canada. La zone couverte par ce livre se trouve dans l'ouest du Colorado, du nord-est de l'Utah au sud en passant par le centre de l'Utah jusqu'au centre de l'Arizona, puis à l'est jusqu'à l'ouest du Nouveau-Mexique.

HABITAT : Les plus hautes montagnes de cette zone. On le trouve généralement dans les forêts à feuilles persistantes des zones de vie transitionnelle, hudsonienne et canadienne. Il se produit parfois près des limites supérieures de la zone supérieure de Sonora.

DESCRIPTION : Un écureuil terrestre ressemblant à un tamia, dépourvu des rayures sur les côtés de la face caractéristiques des tamias. Longueur totale 8½ à 12½ pouces. Queue de 2½ à 4½ pouces. Il existe une grande variation de couleur chez cette espèce. Tête cuivrée à châtain, faces supérieures du corps gris brunâtre à chamois. Une bande claire à blanche bordée de noir est présente de chaque côté du dos. Dessous de la queue gris à jaune. Queue courte mais entièrement poilue. Le dessous du corps est plus clair, gris à gris chamoisé. Pattes courtes, corps trapu par rapport aux tamias. Jeune, quatre à huit ans, avec une seule portée par an.

Le spermophile à mante dorée a été choisi parmi le groupe assez important des spermophiles du sud-ouest car il s'agit le plus souvent d'une espèce vivant en montagne. En tant que tel, il ne bénéficie pas des avantages d'une longue saison estivale comme ses cousins des plaines. Cela se traduit par deux périodes définies chaque année. L'une est une activité fébrile pendant l'été, une période de reproduction, d'élevage des petits, de stockage de la nourriture et de constitution de graisse pour les mois froids à venir. L'autre hiver est exactement le contraire : un long intervalle d'hibernation pendant lequel, enfouis profondément sous la neige dans un terrier douillet, les écureuils dorment pendant l'hiver.

Bien que gênés par les étés courts des altitudes plus élevées, les écureuils terrestres à manteau doré parviennent à prolonger légèrement la saison grâce à un expédient très simple. Leur instinct les pousse à creuser leurs terriers en exposition sud, souvent sous la base d'une bûche ou dans un éboulement. Ici, la neige fond en premier et ils ont souvent un endroit dénudé devant le terrier plusieurs semaines avant la saison. Les écureuils sortent de leur long sommeil faibles et émaciés, et leurs premiers jours au-dessus du sol sont consacrés à profiter de la chaleur du soleil et à se réveiller, pour ainsi dire. Pendant cette période , ils vivent dans les réserves déposées l'été précédent et, lorsque la neige a fondu, ils sont pleinement actifs et prêts à s'accoupler.

écureuil terrestre à manteau doré

Comme pour les spermophiles des régions inférieures, leur régime alimentaire estival se compose en grande partie de tout ce qui commence à pousser en premier. À la fin du printemps, l'herbe, les bourgeons, les jeunes feuilles et les fleurs sont consommés. Plus tard, les graines des plantes annuelles sont récoltées, les baies sont récoltées autant que possible et les insectes constituent souvent une part considérable de l'alimentation. À mesure que l'automne arrive, des glands, des pignons de pin et un grand nombre de graines et de fruits plus petits deviennent disponibles. À cette époque, les écureuils terrestres doivent non seulement disposer de suffisamment de graisse pour se maintenir pendant l'hibernation, mais doivent également stocker suffisamment de nourriture pour les aider entre le moment de leur émergence et l'apparition d'une nouvelle croissance. Il s'agit évidemment d'une adaptation imposée par la saison hivernale exceptionnellement longue. La plupart des rongeurs qui reposent sur des couches de graisse en préparation à l'hibernation en dépendent presque entièrement pour survivre. Avec une période d'hibernation de 5 à 7 mois, il n'est cependant pas difficile de se rendre compte des problèmes auxquels cet écureuil terrestre doit faire face.

Bien que l'écureuil terrestre à mante dorée ressemble en apparence aux tamias, son tempérament est assez différent. Les tamias sont de petits esprits brillants et nerveux, poursuivant toujours leurs activités avec une énergie explosive. Les écureuils terrestres se déplacent plus calmement, comme s'ils avaient planifié chaque mouvement et que rien n'était pressé. Ils adorent s'allonger au soleil dans un endroit exposé et regarder le reste du monde passer. Dans leur habitat également, les espèces diffèrent sensiblement. Les tamias choisissent les sous-bois épais où ils peuvent vaquer à leurs occupations sans être remarqués. Les écureuils terrestres préfèrent les endroits plus exposés où ils tentent leur chance à l'air libre, mais avec un œil toujours levé en l'air pour se protéger contre les attaques de faucons ou d'aigles. Créatures de la terre, ils hésitent toujours à grimper. Ils montent rarement plus de quelques pieds, et alors seulement pour atteindre quelque mets particulièrement savoureux que leur nez aiguisé a détecté dans un arbuste bas ou un petit arbre.

Avec sa large répartition, les visiteurs des montagnes du sud-ouest ne peuvent manquer de remarquer ce membre à tête dorée de la famille des écureuils terrestres. Il s'apprivoise facilement ; trop facilement en fait car, comme le tamia, il peut vite user son accueil. Dans de nombreux parcs et monuments nationaux, ils rivalisent avec les tamias pour les miettes autour des campings et des tables de pique-nique. Les visiteurs trouvent leur ruse irrésistible et les nourrissent malgré les avertissements contraires. Parce qu'ils s'apprivoisent si facilement, il y a toujours un risque qu'une personne bien intentionnée tente de les ramasser. Cela peut conduire à des résultats désagréables. Leurs longues incisives pointues peuvent infliger une blessure grave.

L'un des endroits les plus fascinants pour observer à la fois les tamias et ces écureuils terrestres est depuis les fenêtres du long tunnel menant vers le nord, hors du parc national de Zion. Sur les talus, sous les fenêtres, un grand nombre de ces rongeurs occupent leurs quartiers d'été, dépendant pour leur nourriture des largesses distribuées par les visiteurs qui pique-niquent sur les larges rebords des fenêtres. Leurs mouvements constants alors qu'ils courent parmi les rochers à la recherche de miettes égarées entraînent de nombreuses collisions et souvent aussi des disputes violentes. Cela s'avère un jeu dangereux, car les roches se détachent parfois sous leurs mouvements et roulent sur la pente raide. Je me souviens avoir vu un spermophile écrasé par l'un de ces éboulements miniatures en 1946.

Chien de prairie à queue blanche
Cynomys gunnisoni (grec : kun , un chien et mys ,
souris... pour le capitaine Gunnison dont l'expédition
a pris le type)

chien de prairie à queue blanche

RÉPARTITION : Ouest du Colorado et est de l'Utah jusqu'au centre de l'Arizona et du Nouveau-Mexique.

HABITAT : Prairies herbeuses et parcs de montagne principalement dans la zone de vie de transition bien qu'on les trouve souvent au-dessus et en dessous de cette zone.

DESCRIPTION : Rongeur terrestre ressemblant un peu à un écureuil terrestre mais plusieurs fois plus gros que la plus grande espèce de ce genre. Longueur totale 12½ à 15 pouces. Queue 2¼ à 2½ pouces. Poids 1½ à 2½ livres. Couleur chamois à chamois cannelle, la queue courte et entièrement poilue terminée par du blanc. Côtés du visage plus foncés avec une zone sombre au-dessus des yeux. Les pattes, les pieds et le dessous sont chamois cannelle pâle. Jeunes, généralement au nombre de cinq, nés au début de l'été.

Cynomys gunnisoni est l'espèce représentative du groupe occidental des chiens de prairie. Les deux autres espèces du groupe, *Cynomys leucurus* et *Cynomys parvidens*, toutes deux espèces à queue blanche, sont très similaires et seront peut-être classées avec *Cynomys gunnisoni* à l'avenir. *Cynomys leucurus* se trouve dans le nord-ouest du Colorado et dans le nord-est de l'Utah, tandis que *Cynomys parvidens* est originaire des vallées montagneuses du centre de l'Utah.

Le nom commun « chien de prairie à queue blanche » est généralement appliqué à *Cynomys gunnisoni*, le membre le plus répandu de la race. L'aire de répartition de cette espèce borde mais chevauche rarement celle du chien de prairie qui vit plus à l'est et à basse altitude. Les barrières climatiques et géographiques séparant ces deux races sont en grande partie responsables de différences prononcées dans leurs habitudes. Les chiens de prairie sont des créatures grégaires, peut-être plus que tout autre rongeur. Autrefois, l'espèce à queue noire habitait des milliers d'acres dans la région des Grandes Plaines. Une seule colonie peut occuper une superficie de plusieurs kilomètres de diamètre et compter plusieurs milliers. Sur ce terrain relativement plat, chaque site d'habitation était également avantageux et l'herbe et les herbages étaient tous parfaitement adaptés à l'usage du chien de prairie. L'inondation périodique de leurs terriers dans ces prairies plates a été évitée en construisant des monticules coniques avec un bord de terre autour de l'entrée. Cette pratique ingénieuse, aussi simple qu'elle paraisse, représente une longue étape dans l'adaptation de ces animaux à leur environnement.

Les chiens de prairie, en revanche, sont limités aux vallées étroites et aux rares prairies ouvertes des montagnes. Ici, il n'y a ni place ni nourriture pour entretenir les immenses colonies caractéristiques du loup à queue noire. Dans ces conditions, le nombre d'individus dans une ville varie de quelques-uns à 200, rarement plus. Si la ville devient surpeuplée, de nombreux habitants pourraient migrer vers un endroit plus favorable. Cela implique parfois un voyage de plusieurs kilomètres, une entreprise périlleuse pour un petit animal qui ne peut échapper aux grands prédateurs que dans un terrier souterrain.

La nourriture de ce chien de prairie de montagne est variée. Le régime alimentaire standard composé d'herbes et de racines est complété par du brout, de l'écorce et des tubercules. Les bulbes de mariposas sont pris partout où ils sont disponibles. Les annuelles à feuilles grossières telles que les tournesols ne sont pas ignorées. En plus de ce régime végétal, les vers, les coléoptères et les larves ainsi que les formes matures de la plupart des insectes sont consommés autant que possible.

Les terriers des chiens de prairie, bien que confortables, ne sont pas aménagés avec le soin minutieux que l'on retrouve chez ceux des espèces de plaine. Il n'est pas nécessaire d'avoir un monticule conique ou un rebord bâti car il n'y a pratiquement aucun problème de drainage sur le terrain en pente des montagnes. Naturellement, les terriers ne seront pas creusés sur le passage des eaux de crue, mais sur un terrain plus élevé. La terre extraite des chantiers souterrains est empilée sur un côté ou devant l'entrée. Le monticule ainsi formé sert de lieu de bronzage ou, plus important encore, de poste d'observation d'où l'on peut voir tout ce qui se passe. Parce que ces petites colonies n'ont pas l'avantage du nombre, chaque individu doit être particulièrement attentif au danger qui approche. Les terriers ont souvent plus d'une entrée, chacune avec son poste de garde bien garni à portée de main, le plan souterrain est simple. Il est constitué d'un puits plus ou moins vertical à partir duquel s'étendent horizontalement un ou plusieurs tunnels. On suppose généralement que le chien de prairie creuse suffisamment profondément pour trouver de l'eau. Ce n'est pas le cas ; de nombreux terriers ne dépassent pas 6 pieds de profondeur. Quoi qu'il en soit, ils pénètrent juste assez loin pour assurer une température moyenne confortable été comme hiver. Les besoins en eau des chiens de prairie sont largement satisfaits par la nature succulente de leur nourriture. On suppose également qu'à la fin de l'été, lorsque le régime alimentaire est constitué dans une certaine mesure de graines, un processus chimique au sein du système transforme une partie des amidons en eau.

Le nid est généralement situé dans une pièce souterraine creusée au bout d'un tunnel, moins souvent quelque part sur toute sa longueur. Il s'agit d'une structure volumineuse, construite à partir d'écorce déchiquetée ou d'herbes grossières et tapissée des fibres les plus douces disponibles. De nos jours, les chiens de prairie ne s'opposent pas au papier, aux chiffons et à la laine.

La vie du chien de prairie est simple. Au début du printemps, il sort de l'hibernation, un peu groggy mais encore bien rembourré de graisse. Cette nourriture le soutient jusqu'à l'apparition des premières pousses vertes d'herbe. Dès lors, la nourriture est disponible en quantité toujours croissante , limitée uniquement par la distance à laquelle ces coureurs indifférents osent s'aventurer depuis leurs terriers. L'été est le moment de manger, de somnoler sur les monticules sous le chaud soleil et de converser avec les voisins au son des aboiements stridents caractéristiques de ce groupe. C'est aussi une période de vigilance constante contre les prédateurs, de bains de poussière pour se débarrasser des acariens et des puces et d'élevage des petits. Les quatre à six petits naissent à la fin du printemps et apparaissent pour la première fois à l'entrée du terrier lorsqu'ils ont à peu près la taille d'un spermophile adulte moyen. En quelques jours, ils se nourrissent eux-mêmes et, environ 3 semaines plus tard, ils sont capables de tracer leur propre chemin. A cette époque, la mère les abandonne fréquemment et se construit un nouveau terrier, laissant sa progéniture diviser l'ancienne ferme du mieux qu'elle peut. À mesure que l'automne approche, une épaisse couche de graisse s'applique et, à la mi-octobre, la plupart des habitants de la ville se sont retirés pour le long sommeil de l hiver.

Marmotte à ventre jaune (marmotte)
Marmota flaviventris **(Marmota, nom néerlandais**

d'une espèce européenne de marmotte. Latin : flavus, jaune et venter, ventre)

AIRE DE RÉPARTITION : Nord-Ouest des États-Unis. Commun dans le nord et le centre-sud de l'Utah, dans le nord et le sud-est du Colorado et dans l'extrême centre-nord du Nouveau-Mexique.

HABITAT : Zones de vie canadienne, hudsonienne et alpine dans les éboulements rocheux, les flancs de collines rocheuses, sous les amas de pierres et autour des affleurements dans les prairies de montagne. Rarement trouvé sous la zone canadienne, mais souvent présent dans la zone alpine jusqu'aux sommets des montagnes.

DESCRIPTION : Une grande marmotte brune foncée avec une queue touffue relativement longue. Longueur totale de 19 à 28 pouces. Queue de 4½ à 9 pouces. Couleur du corps, brun jaunâtre à brun foncé dessus ; sous les parties jaune. La fourrure du corps a un aspect grisonnant. Côtés du cou chamoisés et côtés de la face brun foncé à noirs. Brun clair à blanc entre les yeux. Les pattes sont chamoisées à brun foncé. Queue brun foncé dessus, plus claire dessous. Jeune, cinq à huit ans, né au début de l'été.

Cette grande marmotte occidentale n'est pas très éloignée des écureuils terrestres, ni dans ses relations ni dans ses habitudes. C'est le plus gros rongeur terrestre originaire du Sud-Ouest. Comme mentionné ci-dessus, les marmottes occupent une énorme plage d'altitude, s'étendant du dessus de la limite forestière jusqu'à la zone de vie de transition. Cette répartition allant des conditions arctiques aux conditions presque désertiques est responsable de nombreuses variations dans leurs habitudes. Le plus important est la pratique de l'estivation par les individus qui vivent aux basses altitudes. Ce sommeil d'été sert de défense contre cette période de sécheresse entre les saisons des pluies. Il commence généralement au début du mois de juin et se termine vers la fin du mois de juillet. Dans les zones de vie supérieures , la nourriture verte ne manque pas tout au long de l'été, c'est pourquoi les marmottes y restent actives.

En raison de sa grande taille et de sa capacité à faire bon usage de ses dents et de ses griffes acérées, la vie de la marmotte n'est pas aussi limitée que celle de nombreux petits rongeurs terrestres. Il a des ennemis, c'est sûr. Les ours, les pumas, les loups, les lynx, les carcajous et les aigles sont tous attentifs à une éventuelle capture. Pourtant, il est si bien sur ses gardes et possède tellement de terriers qu'il est pratiquement impossible d'en attraper un en surface. Si la marmotte est surprise en dehors d'un terrier, son audacieuse démonstration de défense gagne souvent suffisamment de temps pour se frayer un chemin vers un lieu sûr. Lorsqu'il est acculé, son apparence suffit à elle seule à faire réfléchir le prédateur moyen. Avec ses poils hérissés et ses longues griffes prêtes, la marmotte fait claquer ses dents acérées et siffle bruyamment à l'ennemi. Cette pose n'est pas que du bluff. Ces gros rongeurs sont des adversaires courageux et capables contre tout animal pouvant atteindre plusieurs fois leur taille. En ce qui concerne l'homme, ils sont timides et secrets. À de nombreuses occasions, leurs sifflements sonores et sonores seront entendus, mais le siffleur ne sera nulle part en vue. S'ils sont acculés, cependant, ils mettront en place la même défense courageuse dont ils font preuve contre d'autres ennemis, et ne sont certainement pas des animaux avec lesquels jouer à la légère.

Les terriers se trouvent généralement dans des endroits ouverts offrant une bonne vue sur les environs. De plus, ils se trouvent presque toujours dans des fentes rocheuses, sous des rochers ou dans un sol rocheux grossier. Cela réduit la probabilité qu'ils soient déterrés par un grand prédateur. Chaque marmotte aura généralement plusieurs terriers, certains étant un moyen de « fuite » et un un lieu de résidence permanent. Des sentiers bien tracés mènent de l'un à l'autre, car ce sont des animaux actifs qui se déplacent beaucoup dans les limites de leur territoire. Les terriers d'évasion peuvent être profonds ou peu profonds, selon les circonstances, mais le terrier domestique est généralement un labyrinthe de longs passages qui se terminent par une chambre de nidification pouvant atteindre 2 pieds de diamètre. Plusieurs tunnels auxiliaires sont généralement réservés à des fins sanitaires. Aucun n'est utilisé pour le stockage des aliments ; les archives indiquent que cette créature ne stocke pas de réserves pour une utilisation ultérieure. Le nid est un objet volumineux habituel, construit avec des matériaux grossiers et tapissé des herbes et des fibres les plus douces disponibles.

Se coucher tard et se lever tôt est caractéristique des marmottes. Classé parmi les animaux diurnes, il se déplace néanmoins beaucoup au crépuscule. Pendant la saison de reproduction, ils peuvent même faire un long voyage de nuit pour trouver un partenaire. Le lever du soleil marque le début de la journée de la marmotte. Les rayons obliques ont à peine touché le rocher au-dessus de son terrier que le détenu va grimper pour profiter de leur chaleur. Il peut rester au sommet de son point d'observation pendant une heure ou plus. Il y a beaucoup de choses auxquelles une marmotte peut s'occuper lorsqu'elle prend un bain de soleil tôt le matin. Une toilette tranquille, des commentaires sifflés aux voisins, un long examen du terrain à la recherche d'un danger éventuel, autant de choses qui nécessitent une attention particulière.

marmotte à ventre jaune

Si cette procédure est interrompue par un ennemi qui rôde, l'excitation est à son comble. Si l'intrus est encore à une certaine distance, la marmotte se dresse souvent sur ses pattes arrière, à la manière d'une épingle. Chaque coup de sifflet explosif sera accompagné de plusieurs coups de queue. Lorsqu'il est temps de se retirer, il se précipite vers son terrier, émettant des gazouillis aigus au fur et à mesure. Une fois à l'intérieur du terrier, il peut tenter un autre regard à l'extérieur, et si l'appelant semble suffisamment menaçant, l'entrée du terrier sera bouchée par de la terre de l'intérieur, les gazouillis devenant plus faibles à mesure que la barricade est mise en place. La sortie du terrier après une telle frayeur est dans une certaine mesure déterminée par la période de l'année. Si c'est l'automne et que la marmotte est sur le point d'hiberner, elle peut s'endormir dans son nid douillet et ne réapparaître que le lendemain. Même au printemps et en été, il reste longtemps sous terre avant de s'aventurer à nouveau à l'extérieur.

La marmotte est par nature un animal trapu. Aux pattes courtes et au corps en forme de tonneau, il peut déposer une quantité surprenante de graisse pendant la période d'hibernation. La durée de ce sommeil hivernal dépend de l'altitude à laquelle vit l'animal. Aux sommets des montagnes les plus élevées, elle commence vers le 1er octobre. À des altitudes plus basses, elle peut être considérablement plus tardive. Les individus plus âgés entrent généralement en hibernation en premier, probablement parce qu'ils sont capables d'accumuler la graisse nécessaire plus tôt que les plus jeunes. En règle générale , ils se retirent par étapes, disparaissant pendant plusieurs jours à la fois ; leurs mouvements sont léthargiques et ils agissent comme s'ils étaient déjà à moitié endormis. Les jeunes de l'année ont passé la plus grande partie de l'été à grandir, et c'est une course plutôt sinistre contre le temps pour déterminer s'ils seront capables de prendre suffisamment de graisse pour passer le long hiver avec une réserve, ou s'ils peuvent survivre au froid qui les accueille. Surtout à des altitudes plus élevées, ils ne se retirent que lorsqu'ils y sont contraints par le froid.

L'hibernation est aussi profonde chez ces gros rongeurs que chez la plupart des écureuils terrestres. Ils se recroquevilleront en boules de poils dans leurs nids douillets, le nez recouvert de queues duveteuses, et sombreront dans un sommeil profond qui se rapproche de l'animation suspendue. Les fonctions corporelles ralentissent à une fraction du rythme normal et le système puise dans ses réserves de graisse pour survivre. L'épuisement de cette nourriture est lent, comme cela doit nécessairement être le cas, car cette unique source de nourriture doit durer pendant peut-être 5 mois.

La date d'émergence varie. Bien que le 2 février soit reconnu comme le jour de la marmotte sur notre calendrier, cette date serait effectivement froide sur les sommets de nos montagnes du Sud-Ouest. Néanmoins, les marmottes apparaissent avant que la neige ne soit entièrement tombée, et une fois leur sommeil terminé, elles le reprennent rarement, qu'elles voient ou non leur ombre.

La reproduction a lieu peu de temps après l'émergence. Les petits naissent en avril ou mai. Ils naissent aveugles ; les yeux ne s'ouvrent qu'environ un mois après la naissance. Les jeunes se développent rapidement et, lorsqu'ils atteignent la moitié de leur taille, une séance quotidienne de bronzage et de bagarres ludiques devant l'entrée de la tanière fait partie de leur routine. En septembre, ils ont atteint leur pleine croissance et c'est à ce moment-là qu'ils se lancent généralement seuls, bien que des cas aient été enregistrés dans lesquels la famille est restée ensemble pendant l'hibernation du premier hiver.

Les marmottes ont toujours été les préférées de cet écrivain. Leur sifflet clair est autant un symbole des sommets escarpés et des belles prairies de montagne bordées de sapins que les aboiements du coyote le sont du désert. Plusieurs auteurs qualifient les marmottes de « stupides ». C'est sûrement un choix de mot malheureux. Stupide selon quelles normes ? Une espèce peut-elle être comparée à une autre alors que toutes doivent vivre dans des conditions différentes auxquelles elles se sont adaptées ? Le simple fait qu'un équilibre de la Nature ait été atteint indique que chacune possède les adaptations, les habitudes et le degré d'intelligence nécessaires pour que cette espèce vive en harmonie avec l'ensemble.

Souris sylvestre (souris à pattes blanches)
Le genre *Peromyscus* (grec : pera , pochette, et muscus , diminutif de mys , souris)

souris sylvestre

RÉPARTITION : Toutes les zones de vie en Amérique du Nord.

HABITAT : Certaines espèces de souris sylvestres peuvent être trouvées dans presque toutes les associations imaginables.

DESCRIPTION : Une souris à grandes oreilles et pattes blanches. Comme il existe de nombreuses espèces dans ce genre et que la plupart d'entre elles sont assez semblables, des caractéristiques communes au plus grand nombre seront données. Gardez à l'esprit que cela peut ne pas s'appliquer à toutes les espèces du genre.

Les souris deer sont plutôt petites, mesurant en moyenne 7 à 8 pouces de long. Queue de 3 à 4 pouces. La plupart des espèces sont d'un gris chamois au-dessus de l'ombrage à chamois plus brillant sur les côtés et de chamois clair à blanc en dessous. Les pieds sont toujours blancs. Les oreilles sont grandes pour une souris, généralement peu couvertes de poils courts et fins, mais chez certaines espèces, presque nues. Les yeux semblent noirs mais ont une teinte brunâtre lorsqu'ils sont observés de près sous un bon éclairage. Queue longue, jusqu'à la longueur de la tête et du corps, généralement poil clairsemé ; bicolore chez certaines espèces. Jeunes, quatre à six ans, nés presque à tout moment de l'année, avec plusieurs portées sauf à des altitudes plus élevées où une seule portée peut naître, et ce à la fin du printemps.

Dans le Sud-Ouest, le climat doux et l'abondance de nourriture des zones de vie inférieures se combinent pour attirer un grand nombre de petits rongeurs. Le plus grand nombre d'espèces se trouve de loin dans les zones du haut et du bas Sonora. Cela ne veut pas dire que les souris sont rares en haute montagne. Ils y vivent en grand nombre, mais avec moins d'espèces. L'une d'elles est la souris sylvestre à longue queue (*Peromyscus maniculatus*), probablement le membre le plus remarquable du genre et la souris la plus répandue aux États-Unis. Comme on pouvait s'y attendre, son apparence est assez variable, comportant au moins trois phases de couleur distinctes. Ceux-ci varient du bronzage doré au gris foncé. Toutes les phases ont une queue bicolore plus nette, blanche en dessous et comme le reste du haut du corps sur le dessus.

La souris sylvestre est bien connue de ceux qui ont la chance de posséder des cabanes d'été en montagne. C'est le petit rongeur qui s'installe dans la cabane dès le départ du vacancier. Heureusement , elle n'est pas aussi destructrice que la souris domestique commune (qui, soit dit en passant, est une espèce introduite) et limite son pouvoir destructeur en grande partie à la construction d'un nid grand et confortable dans lequel vivre pendant les mois d'hiver. Les souris deer n'hibernent pas, elles doivent donc se préparer au froid glacial. Cependant, ils n'ont pas non plus l'habitude de stocker de la nourriture, et nombre d'entre eux meurent sans doute de faim à cause d'un hiver rigoureux.

Campagnol des montagnes
***Microtus montanus* (latin : petite oreille... des montagnes)**

campagnol des montagnes

HABITAT : Vallées et prairies herbeuses rarement plus basses que la Zone de Transition.

DESCRIPTION : Un petit rongeur robuste à queue courte, longueur totale de 5½ à 7½ pouces. Queue 1½ à 2½ pouces. Il s'agit d'une queue très courte pour un rongeur de cette taille, ne représentant qu'environ un quart de la longueur totale. Couleur, brun grisâtre à noir dessus ; parties inférieures plus claires à gris argenté. Ce n'est qu'une des nombreuses espèces trouvées dans les montagnes du sud-ouest. Le campagnol mexicain et le campagnol à longue queue partagent son aire de répartition. Leur apparence est assez similaire et leur histoire de vie est également très similaire.

À plusieurs égards, ce rongeur trapu ressemble au gaufre de poche. Les petites oreilles et les yeux ainsi que la queue courte rappellent tous cet animal. Comme beaucoup d'autres rongeurs, les campagnols sont très prolifiques. De quatre à huit petits naissent dans une portée. Le nombre de portées chaque année dépend dans une large mesure de l'altitude. Ils ont été observés dans la zone canadienne, où les étés sont trop courts pour permettre l'élevage de plus d'une portée. Dans la zone de vie en transition , ils donnent généralement naissance à deux portées et parfois plus chaque année.

Ce sont les petits rongeurs que la plupart des gens appellent « souris des champs » ou « souris des prés ». Dans les États des Prairies, ce genre est bien connu pour son habitude de se rassembler sous les poussées de petites céréales et de maïs. Ici, ils construisent leurs nids et vivent temporairement dans la paix et l'abondance. Lorsque les chocs sont retirés du champ, ils sont brutalement expulsés de leurs abris confortables pour devenir la proie du chien du fermier ou pour affronter la perspective de construire une nouvelle maison avant que l'hiver ne s'abatte sur eux. En Occident également, ce « mulot » s'installe dans les zones agricoles, mais son habitat naturel est les prairies naturelles des vallées montagneuses. Ici, ils construisent des tunnels dans les herbes enchevêtrées et creusent des terriers peu profonds dans la terre molle. Les endroits marécageux leur plaisent particulièrement, car ils se sentent tout à fait à l'aise dans l'eau. De plus, l'épaisse couverture de ces zones leur confère une protection considérable contre leurs nombreux ennemis. Un taux de reproduction normalement élevé (plusieurs portées par an avec jusqu'à huit petits dans chaque portée) couplé à un mode de vie secret assure leur perpétuation. Dans les cas où l'équilibre naturel est bouleversé, leur population peut atteindre des sommets fantastiques. Dans un district agricole du Nevada, une enquête a révélé qu'il y avait entre 8 000 et 12 000 « souris des champs » par acre.

Les campagnols n'hibernent pas. Ils sont actifs nuit et jour, été comme hiver. Pendant les tempêtes hivernales, ils peuvent rester dans leurs nids douillets pendant quelques jours à la fois, mais avec le retour du temps clair, des ouvertures vers leurs tunnels apparaîtront bientôt dans la neige fraîchement tombée.

Souris sauteuse occidentale
Zapus princeps (grec : za, intensif et pous , pied. Latin : princeps, chef)

RÉPARTITION : Ouest des États-Unis, du centre de l'Arizona et du Nouveau-Mexique jusqu'à l'Alaska.

HABITAT : Hautes montagnes dans des endroits secs avec une couverture végétale basse et abondante.

DESCRIPTION : Un petit rongeur de couleur bicolore qui saute dans l'herbe à la manière d'un rat kangourou. Longueur totale 8 à 10 pouces. Queue de 4½ à 6 pouces. Couleur chamois sur les côtés, allant jusqu'au noir sur le dos et blanc sur le dessous et les pattes. Queue bicolore, foncée dessus et gris clair dessous. Oreilles relativement longues, de couleur foncée avec des lignes marginales légèrement chamoisées. Yeux perçants, insérés dans un visage long avec un nez pointu. Pattes antérieures courtes mais pattes postérieures et pieds grands et musclés. Jeunes, quatre à six par portée, avec pas plus d'une portée par an en altitude.

Les souris sauteuses font partie des petits rongeurs les plus spécialisés aux États-Unis. Le genre est typiquement nord-américain, une seule espèce étant trouvée en dehors de ce continent. À une époque lointaine, cette petite créature s'est adaptée à un mode de vol semblable à celui du kangourou et de la gerboise. À cet égard, il dépasse les rats kangourous et les souris de poche des États-Unis, espèces auxquelles il est lointainement apparenté. Sa constitution générale ressemble nettement à celle du kangourou, avec les mêmes quartiers antérieurs délicatement formés et des quartiers postérieurs plus lourds. La queue, bien qu'elle n'ait pas la forme d'une massue comme celle du kangourou, est suffisamment longue pour remplir le même objectif : celui de gouvernail pour guider la direction du vol. Les pattes postérieures sont suffisamment musclées pour propulser le corps sur des sauts proportionnellement plus longs que même le kangourou. Mais ici la ressemblance cesse, car la souris sauteuse n'a aucun lien, même lointain, avec ce marsupial. Les seules pochettes dont disposent les souris sauteuses sont des pochettes internes sur les joues utilisées exclusivement pour le transport de la nourriture.

Les souris sauteuses ont une autre particularité qui les distingue de la plupart des autres souris nord-américaines : ils hibernent. La période d'hibernation n'est pas courte aux altitudes auxquelles vivent ces souris. Cela peut durer jusqu'à 6 mois. La préparation à cette longue période d'inactivité consiste principalement à récolter et à manger des graines de graminées jusqu'à ce qu'une épaisse couche de graisse soit stockée sous la peau. Dès les premiers froids, les souris sauteuses se retirent dans des terriers souterrains préalablement préparés et dorment tout l'hiver.

Comme ils se nourrissent presque exclusivement de graines, ils peuvent avoir du mal à émerger au printemps. Apparemment , aucune réserve de nourriture n'est stockée pendant cette période, les malheureux rongeurs doivent donc chercher ce qu'ils peuvent trouver jusqu'à ce que les herbes repartent. La méthode de récolte des graines de graminées est unique et une fois vue, il ne sera pas facile de se tromper. Vivant dans une jungle d' herbes hautes, ils ne sont pas capables d'atteindre les têtes ni de grimper sur les tiges élancées. Au lieu de cela, ils coupent la tige aussi haut que possible, tirent la partie supérieure vers le sol et la coupent à nouveau. Cela continue jusqu'à ce que la tête soit à portée de main. De petits tas de tiges d'herbe, toutes coupées à une longueur moyenne, indiquent que c'est bien cette espèce qui a été à l'œuvre.

Les souris sauteuses seront rarement vues, sauf en vol. Ensuite, leurs tactiques de jack-in-the-box rendent presque impossible de déterminer à quoi ils ressemblent réellement. Ce sont de petites créatures timides et inoffensives qui, si elles sont attrapées, proposent rarement de mordre.

Rat des bois à queue touffue
Neotoma cinerea **(grec : neos , nouveau et temnien , couper... Latin : cinereus, cendré)**

RÉPARTITION : Parties montagneuses de l'ouest de l'Amérique du Nord, du sud de l'Alaska au centre de la Californie, au nord de l'Arizona et au Nouveau-Mexique.

HABITAT : Trouvé habituellement en association avec les pins des zones de transition et de vie canadienne; les crevasses des falaises et parmi les éboulements rocheux sont ses sites de nidification préférés.

DESCRIPTION : Ce rat des bois se reconnaît immédiatement à sa queue touffue en forme d'écureuil. Les nombreuses autres espèces de la même aire de répartition ont la croissance habituelle sur la queue, si fine qu'elle est presque imperceptible. Cette espèce est grande pour un rat des bois ; la longueur totale varie de 12½ à 18 pouces. Queue de 5½ à 8 pouces. La fourrure douce et épaisse présente une grande variation de couleur, comme on peut s'y attendre compte tenu de la vaste aire de répartition occupée par cette espèce et ses nombreuses sous-espèces. En général , il varie du cendré au cannelle sur le dessus, au blanc pur sur le dessous. Bien que la tête ait la même forme générale que celle des autres rats des bois, son apparence est quelque peu modifiée par de longues moustaches soyeuses atteignant 4 pouces de longueur et des oreilles extrêmement grandes . Les yeux sombres et perçants sont cependant typiques du genre. Les petits, âgés de deux à six ans, naissent au début de l'été. Cette moyenne de quatre ou peut-être moins, lorsque les habitudes de reproduction de toutes les sous-espèces sont prises en compte, semble faible par rapport aux autres petits rongeurs. Le faible taux de mortalité indiqué est probablement dû non seulement aux habitudes secrètes de cette espèce, mais également à une intelligence native élevée.

rat des bois à queue touffue

Nombreux sont les noms appliqués à cet intéressant petit animal. Le «rat des montagnes», le «rat de meute», le «rat du commerce» et le rat des bois sont parmi les plus courants. Plusieurs proviennent de l'hypothèse que lorsque l'animal prend un article qui lui convient, il le remplace toujours par quelque chose qu'il suppose de valeur égale. L'observation des habitudes de la créature indiquera que ces « échanges » sont entièrement le fruit du hasard. Ces animaux transportent continuellement de petits objets et en abandonnent souvent un en faveur d'un autre plus à leur goût. Le fait est que les objets les plus attrayants sont généralement transportés à proximité du nid, de sorte que le nom scientifique de l'une des sous-espèces est peut-être l'un des plus appropriés pour ce collectionneur industrieux. Ce titre sous-spécifique est *orolestes* , qui traduit du grec signifie *oros* , montagne, et *lestes* , voleur.

La tendance à emporter les biens d'autrui conduit à de nombreux incidents à la fois comiques et tragiques. Les rats ne sont pas du tout opposés à l'idée de partager la cabane d'un prospecteur et, pendant les heures où le propriétaire légitime est absent au travail, ils font des ravages dans ses biens. Pendant les longues nuits d'hiver, ils ne sont pas moins travailleurs, et les bruits mystérieux de leurs activités maintiendront même un dormeur profond éveillé pendant des heures. Finalement, cela devient si exaspérant qu'une action drastique s'impose. Un vieux prospecteur m'a parlé d'un rat des bois qui le dérangeait depuis longtemps. Les pièges n'ont servi à rien et finalement, une nuit, il a placé ses quarante-cinq dollars sur une boîte à côté de son lit, avec une bougie et des allumettes. Pendant la nuit, il fut de nouveau réveillé, se redressa tranquillement et alluma la bougie. Là, sur l'une des étagères de son placard, se trouvait la forme sombre du rat. Visant soigneusement à la lueur vacillante des bougies, il appuya sur la gâchette et frappa l'animal au « point mort ». La lourde balle l'a littéralement fait exploser. Malheureusement , il se trouvait juste devant une canette de café de 5 livres. On peut supposer que sans rat des bois ni café, il a ensuite bien dormi.

Mes propres expériences avec cette espèce n'ont pas été moins exaspérantes. Quand j'étais encore jeune, mon frère et moi étions logés dans un vieux dortoir un hiver. Nous avons choisi la plus petite des deux pièces car elle était plus facile à garder au chaud et, après un nettoyage en profondeur, nous y avons emménagé. N'étant pas des novices, nous avons connecté nos montres à un clou enfoncé dans le mur et avons suspendu nos autres objets de valeur à un fil tendu. la chambre. Le matin, nos chaussettes manquaient ! Ensuite, les choses se sont déroulées sans incident pendant une semaine. Le rat des bois sortait par un trou dans un coin de la pièce dès que les lumières étaient éteintes. Toute la nuit, il passait par la porte communicante jusqu'à la pièce voisine et emportait des tonnes de coton d'un vieux matelas posé sur le lit inutilisé.

Le week-end est venu et la danse de la grange du samedi s'est déroulée à environ 3 miles du canyon. Des chemises et des pantalons neufs furent enfilés, des manteaux et des gilets furent retirés des dossiers de chaises sur lesquels ils avaient été soigneusement accrochés. Voir! Un devant du gilet a été complètement rongé et emporté, probablement pour du matériel de nidification. C'était la goutte d'eau qui a fait déborder le vase ; la créature doit être éliminée.

La nuit suivante, les plans furent soigneusement élaborés. Deux bidons d'huile de 5 gallons ont été placés dans l'embrasure de la porte. Cela laissait un passage étroit juste assez large pour accueillir un petit piège à saut. Un morceau de journal a été placé sur le piège et l'extrémité de la chaîne a été attachée à la tête du lit en acier. Peu de temps après l'extinction des lumières, un bruit de grattement indiqua que l'animal était entré par le trou. Tout était calme jusqu'à ce que son nez entre en contact avec l'une des canettes vides. Alors craquez ! Une série de grincements et le cliquetis de la chaîne avertirent que la créature grimpait dans le lit. Lorsqu'il est arrivé au-dessus de la tête, les occupants, très excités, sont partis par le pied. Lorsque la lumière s'est allumée, le rat était assis au milieu du lit. Une lourde botte l'envoya bientôt et un semblant d'ordre revint dans le dortoir. Curieusement, aucun rat des bois n'est venu pour le reste de la saison.

Bien que de telles expériences soient la règle lorsque ce rat s'est installé dans une habitation, c'est une créature délicieuse dans ses lieux d'origine. C'est un habitant des rochers du bord; c'est-à-dire qu'il préfère construire son nid loin dans une profonde crevasse d'une falaise. Si un tel emplacement n'est pas disponible, il peut trouver un site protégé dans une pente d'éboulis ou même parmi les racines d'un arbre. Habituellement, ces forteresses naturelles sont encore renforcées par l'ajout d'un tas de bâtons et de matériaux divers empilés à l'aide d' un support . se traîner au-dessus du nid. Le nid lui-même est assez grand, généralement un pied ou plus de diamètre, construit avec les matériaux les plus doux et les plus chauds disponibles. Quelque part à côté du nid se trouveront une ou plusieurs caches de nourriture pour le moment où les neiges sont profondes et où la famine sévit sur la terre. Comme cela a été mentionné, le rat des bois est généralement associé aux pins de la zone de vie de transition et au-dessus, et les pignons de pin sont l'un de ses aliments les plus populaires. Des glands, des graines, des baies, des fruits à noyau et un peu de végétation complètent son alimentation végétale. Il mange également de la viande chaque fois qu'elle est disponible, bien que, à l'exception des insectes, il se montre peu enclin à tuer les siens. Avec un menu aussi varié, il semble tout à fait approprié de qualifier ce rongeur d'omnivore.

L'une des marques les plus caractéristiques de la maison du rat des bois est une forte odeur musquée. Ce n'est pas une indication de malpropreté. L'animal est très exigeant dans sa toilette, mais il dégage en grande partie cette odeur corporelle. Une peau étudiée en conservera une forte trace pendant de nombreuses années. On ne sait pas si cela sert à une identification à d'autres espèces, mais cela pourrait bien servir cet objectif.

Bien que classé comme animal nocturne, le rat des bois à queue touffue est souvent actif tout au long de la journée. Ce ne sont pas des créatures grégaires ; cependant, comme il est possible que des sites de nidification appropriés ne soient pas trouvés dans certaines zones, d'autres localités plus favorisées abriteront souvent un nombre considérable d'animaux. Les rebords en surplomb peuvent abriter les tas de détritus, indiquant un nid tous les quelques pieds. Dans de tels cas, un sentier bien tracé mènera de l'un à l'autre. Cela ne veut pas dire qu'une colonie y vit en paix et en harmonie. Ces rats sont des créatures truculentes entre eux, et si un étranger s'aventure dans un nid, il en est expulsé avec de nombreux cris d'indignation et un redoutable claquement de dents. L'intrus semble savoir qu'il est en panne et quitte généralement le nid immédiatement sans plus qu'une démonstration symbolique de résistance. Cependant, dans un territoire neutre comme une cabane, plusieurs rats des bois peuvent partager la zone assez paisiblement, mais au grand dam de l'occupant humain.

La variété des sons produits par un tel groupe est assez étonnante. Aux habituels grincements aigus et crépitements de pieds qui courent s'ajoutent les mystérieux bruissements de papier et d'autres objets traînés. Un bruit sourd particulier indique une démarche que je n'ai jamais vue mais que j'entends souvent la nuit. Cela doit ressembler un peu au vol bondissant d'un rat kangourou, au moins cela indique une succession rapide de sauts sur une surface plane comme un sol ou un toit. Peut-être que la large surface présentée par le plat de la queue touffue est utile dans cette manœuvre. Ensuite, comme la plupart des rongeurs, le rat des bois frappera avec ses pattes postérieures en guise de signal d'alarme. C'est peut-être le son le plus perceptible de tous, car il marque la cessation instantanée de toute activité pour chaque membre de son espèce à portée d'audition. Le « silence déchirant » qui suit ce signal nous presse littéralement dans l'obscurité.

Rat musqué
Ondatra zibethicus (mot canadien-français issu du mot indien iroquois et huron pour rat musqué. Latin : la substance odorante de la civette faisant allusion au musc sécrété par le rat musqué)

RÉPARTITION : Pratiquement toute l'Amérique du Nord au nord de la frontière mexicaine. Les rats musqués se trouvent près du niveau de la mer jusqu'à 10 000 pieds au-dessus.

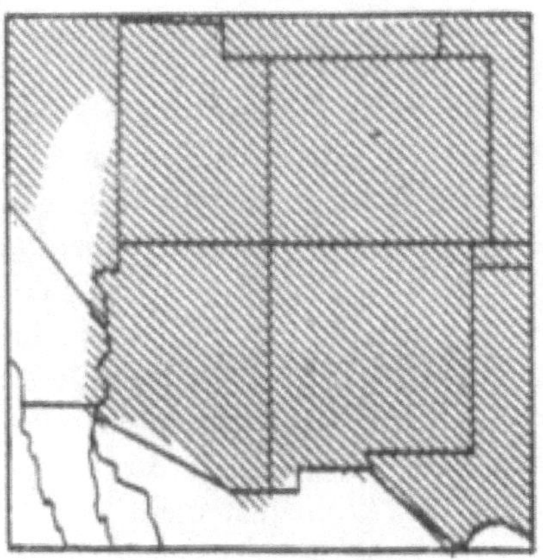

HABITAT : Ce gros rongeur ne peut exister qu'à proximité d'un point d'eau permanent suffisamment profond pour le mettre à l'abri de ses ennemis. Cela peut être un lac, un marais ou un ruisseau.

DESCRIPTION : Gros rongeur aquatique dont la longue queue plate ondule d'un côté à l'autre lorsqu'il nage. Longueur totale 18 à 25 pouces. Queue de 8 à 11 pouces. Poids 2 à 4 livres. La fourrure épaisse et brun foncé du haut du corps est recouverte de poils de garde bruns à noirs. Les pattes sont courtes mais puissantes. Les pattes antérieures sont petites, mais les pattes postérieures sont relativement grandes et partiellement palmées, avec des poils raides sur les bords des toiles et sur les côtés des orteils. La longue queue noire est aplatie verticalement. Il a si peu de poils qu'on peut dire qu'il est nu, mais il est couvert de petites écailles atteignant 2 millimètres de diamètre. La tête ressemble beaucoup à celle d'un campagnol. Les oreilles sont si courtes qu'elles dépassent à peine de la fourrure et les yeux sont petits. Le nombre moyen de petits est estimé à six par portée. Plusieurs portées peuvent naître chaque année.

La présence de rats musqués dans un lac ou un marais peu profond n'est pas difficile à détecter. C'est leur habitat de prédilection, et ici, dans une eau d'environ 1½ pied de profondeur, ils construisent leurs monticules caractéristiques de joncs et de quenouilles . Ici, ils peuvent également être vus lors de journées tranquilles en train de nager et de vaquer à leurs activités normales. Dans une grande partie du sud-ouest, cependant, ces habitats favoris sont rares et les rats musqués doivent faire leur choix, s'il y en a un, entre les quelques cours d'eau permanents et les canaux d'irrigation. Dans ces circonstances modifiées, ils réagissent tout à fait différemment ; ils peuvent souvent être présents en nombre considérable sans que personne ne s'en rende compte. Le changement d'habitudes requis par cet environnement différent illustre la grande adaptabilité dont font preuve bon nombre de nos espèces de mammifères les plus communes.

L'exigence la plus importante du rat musqué est de disposer d'un plan d'eau permanent d'une profondeur suffisante pour qu'il puisse plonger et échapper à ses ennemis. Dans ces conditions, il s'agira immédiatement de construire une maison. Dans un lac ou un marais, il y a peu ou pas de courant. Dans les baies abritées, où l'action des vagues est légère, le fond est souvent boueux. Dans les eaux peu profondes le long du rivage, des plantes aquatiques telles que les tules et les quenouilles s'établiront. C'est en effet le paradis du rat musqué, car ces plantes aquatiques et d'autres sont à la fois leur nourriture et leurs matériaux de construction. Les parties les plus comestibles des plantes sont les racines et les tiges qui se trouvent sous la surface de la boue. Lorsqu'une de ces friandises de choix a été libérée par les dents acérées du rat musqué, elle est transportée vers un endroit préféré pour être mangée. Il peut s'agir d'un banc de boue bien abrité par la végétation en surplomb des regards indiscrets, de l'extrémité d'un rondin dépassant de la surface de l'eau, ou peut-être du toit de la « maison ». La partie rejetée de la tige flotte et se loge généralement parmi les plantes restantes jusqu'à ce qu'elle soit nécessaire à la construction.

rat musqué

Lors de la construction de la maison du rat musqué, une grande quantité de ces épaves est entassée jusqu'à ce que le monticule qui en résulte puisse s'élever jusqu'à 3 pieds au-dessus de l'eau et avoir 5 ou 6 pieds de diamètre. Le nid est construit au-dessus de la ligne de flottaison dans cette « botte de foin » à moitié immergée. L'entrée des locaux d'habitation se fait par un tunnel qui commence généralement dans la boue à une courte distance de la base de la maison, passe sous le bord de la structure, puis monte vers le nid. Une seule entrée est nécessaire, car même si un ennemi devait percer l'enchevêtrement de joncs suffisamment profond pour atteindre le nid, cela prendrait tellement de temps que chaque détenu pourrait facilement s'échapper par cette voie sous-marine. La maison remplit un autre objectif important dans le Grand Nord. Lorsque la glace recouvre les marais et isole ce monde aquatique de l'air, les rats musqués peuvent encore faire de courtes incursions sous la glace pour se nourrir et retourner à l'air libre, sans lequel aucun mammifère ne peut exister.

Si le rat musqué avait appris à construire des barrages comme ceux des castors, l'espèce pourrait très bien être en voie d'extinction dans le Sud-Ouest, car de telles structures gêneraient sérieusement l'irrigation. Cependant, comme ils ont accepté les conditions telles qu'elles sont, les rats musqués se débrouillent très bien dans les ruisseaux peu profonds et les fossés d'irrigation. En fait, dans les conditions défavorables d'aujourd'hui, leur population est probablement bien supérieure à celle d'avant l'arrivée de l'homme blanc. Ne présumez pas de cette affirmation qu'un tout nouveau mode de vie s'est ouvert au rat musqué. Il y a toujours eu un rat musqué « de banque » qui vivait dans des terriers au bord des cours d'eau. Cet accro aux eaux vives profite désormais pleinement des cours d'eau artificiels qui sont les précurseurs de l'agriculture un peu partout dans le Sud-Ouest. Les terriers creusés dans les berges du canal semblent identiques à ceux construits dans des conditions naturelles.

Le rat musqué « de banque » construit trois types d'abris, chacun ayant une fonction définie et nécessaire. Ceux-ci pourraient être appelés respectivement terrier d'alimentation, terrier d'abri et terrier de reproduction. Les deux premiers sont de conception simple et comportent peu de variations, mais le terrier de reproduction peut être extrêmement complexe. Si le choix est possible, tous les terriers seront situés sur une berge le long de l'écoulement de l'eau le plus rapide, comme à l'extérieur d'une courbe du canal, par exemple. Cela évite que les entrées ne s'envasent comme elles le feraient dans les zones les plus calmes .

Il existe deux types de terriers d'alimentation. La première, la plus courante, consiste en une entaille pratiquée juste au-dessus du niveau de l'eau sur le côté d'une berge verticale. Si possible, il se trouve derrière une portière d'herbes ou de mauvaises herbes pendantes, de manière à être complètement à l'abri des regards. Il s'agit simplement d'un endroit sûr où le rat musqué peut apporter sa nourriture et manger sans être dérangé par ses ennemis. Le deuxième type de terrier d'alimentation est plus élaboré et consiste en plusieurs chambres de ce type le long de la berge reliées par de courts tunnels. Ceux-ci semblent être des refuges communautaires puisqu'ils sont utilisés par plusieurs personnes à la fois. La sécurité supplémentaire apportée par les tunnels de liaison semble être l'avantage de ce type de salle à manger.

Le terrier abri permet non seulement d'échapper aux ennemis, mais peut également être un terrier pour dormir. Il se compose de deux tunnels qui commencent à différents niveaux sous l'eau et se rejoignent juste avant d'atteindre la chambre principale, qui se trouve bien entendu au-dessus du niveau de l'eau. Les deux tunnels assurent une issue de secours si l'un ou l'autre est envahi par un ennemi. Chaque rat musqué peut avoir plusieurs de ces terriers abris. Celui qui sert de terrier pour dormir sera meublé d'un nid moelleux de feuilles déchiquetées. Les feuilles de quenouilles sont un matériau de prédilection à cet effet. Les feuilles de quenouilles vertes et mouillées dans une caverne souterraine humide constituent un lit médiocre selon la plupart des normes, mais il ne fait aucun doute que cela ressemble à un refuge sec et confortable pour le rat musqué alors qu'il émerge dégoulinant de son tunnel sous-marin.

Les terriers de reproduction sont grands et de conception élaborée. Il y a des raisons de croire qu'ils ne sont pas toujours l'œuvre d'un seul individu. Ils peuvent même représenter les efforts combinés de plusieurs générations de rats musqués. Il s'agit souvent d'un labyrinthe de tunnels reliant de nombreuses chambres de nidification, chacune avec un nid d'âge différent. Cela peut être déterminé par le jaunissement des feuilles déchiquetées. Comme on pouvait s'y attendre, il y a généralement un certain nombre de tunnels menant de ce labyrinthe à l'eau. Une demi-douzaine de ces tunnels d'entrée sous-marins n'est pas inhabituel. Toute cette pièce donne aux jeunes un endroit pour faire de l'exercice avant de pouvoir se mettre à l'eau.

Les jeunes rats musqués sont étonnamment précoces. Ils sont capables de quitter le nid lorsqu'ils sont très petits et, à l'âge de 4 semaines, ils sont sevrés et capables de prendre soin d'eux-mêmes, bien qu'ils n'aient atteint qu'un quart environ. À ce stade, ce sont de petits individus d'apparence particulière. La fourrure est encore au stade laineux, de couleur foncée et bleuâtre. Les poils de garde ne sont pas encore apparus et, dans l'ensemble, ils ont un aspect négligé. Cependant, celui-ci disparaît rapidement lorsqu'ils quittent le terrier. Leur progression est si rapide que l'on pense que les jeunes nés au début du printemps se reproduiront à l'automne suivant.

Bien qu'habituellement confiné au voisinage immédiat de l'eau, le rat musqué se rencontre parfois dans des endroits étonnants. L'envie de voyager les pousse parfois à parcourir de nombreux kilomètres à travers le pays jusqu'à un autre plan d'eau. Ils peuvent également se retrouver surpeuplés dans une zone, de sorte que la nourriture se raréfie et certains peuvent partir pour cette raison. Il n'est pas rare dans le Moyen-Ouest qu'ils s'enfouissent dans la cave à racines d'un agriculteur au début de l'automne et passent des mois dans ce havre de chaleur et de bonne nourriture avant d'être découverts. Les inondations peuvent les éloigner de plusieurs kilomètres de leurs repaires établis et les laisser bloqués sur les hauteurs lorsque les eaux se retirent. Un rat musqué trouvé dans cette situation difficile n'est pas un animal avec lequel on peut plaisanter. S'il ne peut pas s'échapper par l'eau, il choisira probablement de prendre position. Les incisives longues et pointues sont en effet des armes redoutables, et tout ennemi, y compris l'homme, ferait mieux de laisser le jugement devenir la meilleure partie de la valeur.

Les traces des rats musqués sont si caractéristiques qu'elles ne peuvent être confondues avec celles d'aucun autre animal. Curieusement, ils ressemblent de façon frappante à ceux de certains types de reptiles disparus appelés dinosaures. Les traces des deux petites pattes antérieures sont rapprochées et se chevauchent quelque peu par celles des plus grandes pattes postérieures. Entre les traces se trouve la trace sinueuse laissée par la queue acérée.

Castor
Castor canadensis (latin : un castor... du Canada)

RÉPARTITION : Le castor, comme le rat musqué, se retrouve presque partout en Amérique du Nord au nord de la frontière mexicaine.

HABITAT : À proximité de tout point d'eau d'un volume suffisant, avec ou sans barrage, pour assurer la sécurité d'une famille de castors.

DESCRIPTION : Le plus gros rongeur d'Amérique du Nord ; se distingue en outre par une large queue plate. Longueur totale 34 à 40 pouces. Queue de 9 à 10 pouces. Poids de 30 à 60 livres. La couleur du castor varie d'un brun riche et profond dans les États du nord à une teinte beaucoup plus pâle dans les régions désertiques du sud-ouest. Le sous-poil doux et riche est partiellement masqué par des poils de garde grossiers et plutôt raides. La couleur brune des parties supérieures vire au marron sous le ventre et sur la face interne des pattes. Les pattes antérieures sont petites avec des griffes bien développées . Ils apparaissent nus mais ont une faible couverture de poils grossiers. Les pattes postérieures sont grandes et palmées, et sont également couvertes de quelques poils grossiers.

Le corps du castor a quelque peu l'apparence d'un kangourou dans la mesure où la partie arrière est lourde et semble surdéveloppée par rapport à la tête et à l'avant-train plus profilés. Une grande partie de cette impression provient de la queue lourde et plate, épaisse et musclée au point où elle rejoint le corps. L'un des appendices les plus utiles que possède toute créature, la queue est en forme de pagaie horizontalement et d'environ un pouce d'épaisseur au milieu, se rétrécissant vers des bords et une pointe minces. Il apparaît nu, mais est couvert d'écailles.

Les petits, au nombre de quatre en moyenne, naissent à la fin du printemps et, bien qu'ils soient bientôt capables de prendre soin d'eux-mêmes, la famille reste unie la majeure partie de l'année.

Les indications de la présence de castors dans une région sont leurs barrages ou les souches distinctives laissées par l'abattage de leurs arbres. Les traces de castors sont rarement trouvées. Bien que cet animal aquatique quitte souvent l'eau et puisse parcourir une distance considérable par voie terrestre, ses traces sont généralement effacées par le passage de la croupe lourde et de la queue traînante.

Le castor, peut-être autant que tout autre facteur, a joué un rôle déterminant dans l'ouverture de l'ouest de l'Amérique à la civilisation. Même avant que les treize colonies originales ne soient solidement établies le long de la côte est, des hommes aventureux travaillaient vers l'ouest à la recherche de davantage de castors pour répondre à la demande toujours croissante de cette fourrure riche et douce. Des empires industriels furent fondés sur ce trafic de peaux venues d'aussi loin à l'ouest que le fleuve Mississippi. Au début des années 1800, les trappeurs avaient pénétré dans les montagnes Rocheuses et, en 1806, au retour de l'expédition Lewis et Clark du nord-ouest du Pacifique, ils se sont précipités vers le cours supérieur du système fluvial du Missouri. Avant cela, le Sud-Ouest avait reçu peu d'attention de la part de l'industrie de la fourrure. Elle était considérée comme une région inhospitalière, habitée par des Indiens hostiles et avec quelques colonies de colons espagnols qui, jusqu'alors, avaient résisté activement aux intrusions des Américains les plus agressifs. Cependant, en 1820, les relations s'étaient améliorées à un tel point que quelques-uns de ces individus robustes faisaient du piégeage sur le cours supérieur des rivières du désert. Plus tard, leurs activités se sont étendues sur toute la longueur de ces cours d'eau remarquables.

Il s'agissait des Mountain Men, une race de pionniers durs à cuire dans une classe à part. Dans la période 1820-1854, lorsqu'une grande partie du Sud-Ouest est devenue partie intégrante des États-Unis grâce à l'achat de Gadsden, ils parcouraient les plaines et les montagnes du désert américain. Leur liste comprend des personnalités légendaires telles que Bill Williams, Pauline Weaver, Kit Carson et James Pattie. Leur argosie était une quête des riches peaux de castor brun qui constituaient en effet une toison dorée lorsqu'elles étaient présentées aux commerçants de fourrures de la lointaine Saint-Louis. Au fil du temps, leurs pieds mocassins ont tracé un large chemin à travers les plaines de l'ouest, un chemin alors connu sous le nom de Santa Fe Trail, mais identifié aujourd'hui comme l'US 66, la « rue principale de l'Amérique ».

Aujourd'hui, de nombreux cours d'eau qui abritaient les colonies de castors dans les zones désertiques ont entièrement disparu, et d'autres ont été si efficacement exploités pour l'irrigation et l'électricité qu'il n'y a plus de place pour les castors. Dans les hautes montagnes, cependant, il existe de nombreux ruisseaux éloignés de la civilisation où des étangs clairs scintillent encore au soleil, et les éclaboussures et les ruissellements des castors occupés peuvent être entendus lors des calmes soirées d'été. Parce que les castors s'établissent rapidement dans des conditions un tant soit peu favorables, ils ont été réintroduits dans de nombreux endroits où ils avaient disparu depuis de nombreuses années. Il s'agit généralement d'une bonne pratique de conservation, mais dans certaines conditions, cela peut s'avérer une erreur. D'un point de vue écologique, les castors sont probablement les créatures les plus importantes de toute communauté animale dont ils sont membres. En effet, ces ingénieurs très occupés imposent non seulement une énorme perte de matériaux dans la zone environnante, mais très souvent, ils modifient également radicalement le caractère du terrain pour répondre à leurs propres besoins.

castor

L'histoire biologique du castor est l'une des plus intéressantes de tous les mammifères. Il a été étudié pendant des siècles par les naturalistes du Nouveau et de l'Ancien Monde, car le castor, à quelques différences près, est originaire des deux. Malgré toutes ces études et observations, les habitudes ne sont encore que partiellement connues. En effet, le castor est principalement une créature nocturne qui passe la plupart de ses heures de clarté dans l'abri d'une hutte ou d'un terrier. De plus, aux latitudes septentrionales, où les étangs sont recouverts de glace pendant les longs hivers, il y a peu d'occasions d'observer cette phase de son existence. Il n'existe qu'une seule espèce de castor en Amérique du Nord, mais environ deux douzaines de sous-espèces. Les types du nord et ceux qui vivent dans les montagnes du sud-ouest semblent être des bâtisseurs de barrages qui vivent dans des « loges » de castors. Ceux qui habitaient les rivières du désert inférieur étaient pour la plupart des castors « de rive » qui vivaient dans des terriers au bord des ruisseaux. Ce dernier type est rare aujourd'hui.

La meilleure façon de comprendre l'importance écologique du castor est peut-être d'observer l'essor et le déclin d'une colonie typique. Imaginez si vous voulez un petit ruisseau peu profond coulant doucement dans une vallée étroite dans les montagnes.

En bordure des berges basses se trouve un bosquet d'aulnes. Derrière eux, une épaisse végétation de trembles s'étend jusqu'au bord de la vallée et se mêle aux épicéas de la pente. Sur cette pente, un jeune castor mâle arrive au galop maladroit, sa large queue frappant le sol avec un bruit sourd audible à chaque pas. Cet émigré s'est lancé parce que la colonie à laquelle il appartient était devenue surpeuplée. Il trouve le ruisseau et, comme l'eau est trop peu profonde pour le cacher, s'accroupit sous une berge en surplomb jusqu'à ce que la nuit tombe.

Dès qu'il fait complètement noir, il cherche un endroit approprié pour construire un barrage et trouve bientôt un site à son goût. D'un côté du ruisseau, un épais bouquet d' aulnes dépasse de la rive, et de l'autre, un rondin imbibé d'eau est à moitié enfoui au fond du ruisseau. A partir de ces points d'ancrage, il commence son barrage, en construisant vers le milieu de chaque côté. Les travaux nécessitent qu'une grande partie des broussailles d'aulne soient coupées et coulées dans le lit du ruisseau. Là, il est alourdi de roches et de boue jusqu'à ce qu'il soit sécurisé. Un pinceau supplémentaire est apporté et entrelacé avec le premier ; progressivement, la structure s'agrandit jusqu'à ce qu'en quelques jours elle transforme le ruisseau en un bassin tranquille suffisamment profond pour cacher le castor en cas d'apparition d'un ennemi. À mesure que l'eau monte, elle recouvre la base des aulnes, qui commencent à mourir dans l'étang.

Le castor se consacre ensuite à la construction d'une hutte. Choisissant un point d'un côté du courant entrant dans l'étang, il commence, comme il l'a fait pour le barrage, en enfonçant les broussailles jusqu'au fond et en les lestant avec des roches. Au fur et à mesure qu'il construit, il façonne intelligemment plusieurs entrées sous-marines vers la maison qui sera. Lorsqu'il a terminé, la maison dépasse de plusieurs pieds au-dessus de l'eau, et les matériaux sont si soigneusement entrelacés et plâtrés que même l'ennemi le plus déterminé désespérerait de pénétrer dans le salon. Les débris de la construction ont flotté en aval pour se loger dans et sur le barrage, le rendant plus sûr et étanche qu'il ne l'était lors de sa construction initiale.

Une fois le barrage et le lodge terminés, la prochaine tâche consiste à collecter des réserves de nourriture pour l'hiver suivant. Cette opération se poursuit par intermittence au cours de l'automne. Elle consiste à couper les trembles, dont le castor aime beaucoup l'écorce, à couper les branches et les petits troncs en morceaux faciles à manipuler et à les traîner jusqu'à l'étang. Une fois dans l'eau, ils sont lestés et resteront longtemps en bon état. Le castor est rejoint dans cette tâche par une femelle qui a également migré d'une colonie surpeuplée. Deux ont besoin de plus de nourriture qu'un, c'est pourquoi leurs sentiers commencent à s'enfoncer un peu plus loin dans la forêt de trembles alors qu'ils traversent les fraîches nuits d'automne. Ces sentiers convergent à la sortie de la forêt et à l'approche de l'étang, pour aboutir à quelques coulées de boue bien développées qui entrent dans l'eau. Le trafic constant des castors mouillés quittant l'eau maintient les toboggans humides et glissants.

Alors que l'hiver s'installe dans les montagnes, une fine couche de glace commence à se former au bord des eaux calmes lors des nuits froides. Puis une nuit, il gèle complètement. Cela ne cause aucun inconvénient aux castors, car si lors d'une de leurs excursions sous-marines ils souhaitent remonter à la surface pour respirer, ils n'ont qu'à nager jusqu'à un endroit peu profond avec un fond ferme et, d'un simple mouvement de leurs puissants muscles, percer un trou. la glace avec le dos. Ils peuvent ainsi briser une glace étonnamment épaisse. Les castors vivent dans le confort et l'abondance tout au long de l'hiver. Le salon du lodge a été aménagé avec des lits confortables de quenouilles déjà établies au bord de l'étang. Le lodge, bien que construit de manière étanche, laisse néanmoins passer suffisamment d'air pour les castors et la nourriture est stockée en abondance au fond de l'étang. À mesure que l'écorce des branches de tremble est rongée, les poteaux nus sont ajoutés à la majeure partie de la maison ou utilisés pour la construction ultérieure du barrage. Bientôt, l'hiver doux du sud-ouest se fond dans le printemps.

À la fin du printemps, la famille des castors s'agrandit considérablement avec l'arrivée de quatre castors miniatures. Ils ne pèsent que 1 livre chacun à la naissance et sont entièrement poilus. A cette époque, le père est mis au ban et la mère et ses petits vivent ensemble dans la loge. Vers l'âge de 3 semaines, les jeunes se mettent à l'eau pour la première fois. Ils apprennent rapidement la méthode de nage du castor ; il s'agit de donner des coups de pied avec les pattes postérieures et de laisser les pattes antérieures traîner librement le long de la poitrine, en utilisant la queue plate à la fois comme élévateur et comme gouvernail. Les jeunes castors sont appelés kits et sont en effet aussi joueurs que les vrais chatons peuvent l'être. Il est très étonnant de les voir gambader dans l'eau avec autant de facilité que les jeunes d'autres mammifères le font sur la terre ferme. À l'approche de l'automne, cette pièce est remplacée par les devoirs plus sévères de l'existence, et les jeunes prennent leur place en tant qu'adultes de la famille.

Cinquante ans passent. À mesure que la colonie s'agrandit, le barrage doit être agrandi et de nouveaux pavillons doivent être construits ; et lorsque les sentiers menant à la forêt de trembles deviennent trop longs, des canaux sont creusés en partie pour diminuer les dangers qui peuvent arriver au castor sur la terre ferme. L'étang s'envase progressivement jusqu'à atteindre des niveaux de plus en plus élevés jusqu'à ce qu'il soit enfin rempli de terre noire et fertile. Tous les trembles à portée de main sont finalement abattus et les castors affamés se tournent vers l'écorce résineuse des épicéas. Finalement, la lutte est abandonnée. Les castors migrent vers un nouvel emplacement et, au printemps suivant, une crue arrache le centre du barrage. Maintenant, l'étang a disparu. Avec lui ont disparu les truites qui jouaient dans ses profondeurs et les sarcelles qui s'y reposaient en route vers le sud. A sa place se trouve une prairie de castors , un parc herbeux au centre de la forêt d'épicéas avec des fleurs printanières parsemant sa surface verte. Les trembles commencent déjà à s'entasser sur ses bords, et le ruisseau s'enfonce plus profondément dans son sol mou à chaque printemps. D'ici peu, une forte érosion commencera à faire des ravages, et un jour dans le futur, un castor mâle reviendra au galop maladroit sur la pente.

Les conditions changeantes qu'un tel cycle entraîne sont presque impossibles à évaluer. Au moins trois types de milieux climaciques sont représentés : ceux du bosquet d'aulnes, de l'étang à castors et du pré à castors. De manière graphique, ce cycle illustre ce qui se passe continuellement dans la nature, plus lentement peut-être, mais tout aussi sûrement.

Porc-épic
Éréthizon dorsatum (grec : irriter en allusion aux piquants et latin : relatif au dos)

RÉPARTITION : La majeure partie de l'Amérique du Nord au nord de la frontière mexicaine. Le centre-sud et le sud-est des États-Unis constituent une exception notable.

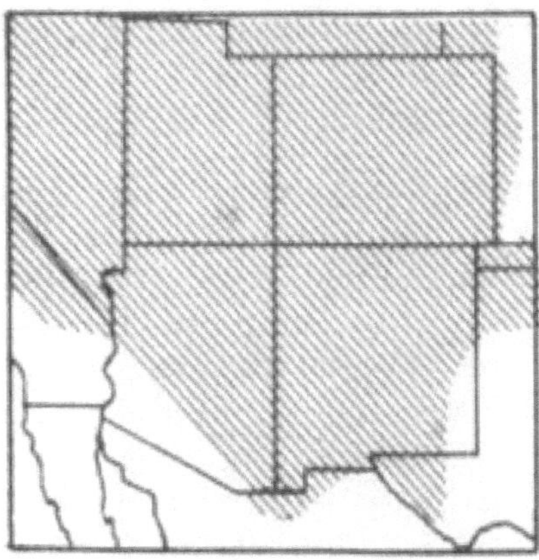

HABITAT : Généralement associé aux forêts de conifères, mais peut parfois être trouvé à des kilomètres de toute forêt. Habitant de toutes les zones de vie jusqu'à la limite forestière (Arctique-Alpine).

DESCRIPTION : Créature noire à grisonnante noire et jaune couverte de piquants. Longueur totale 18 à 22 pouces. Queue de 7 à 9 pouces. Poids 10 à 28 livres. Corps court et large ; soutenu par de courtes jambes arquées. Queue lourde et musclée, armée de piquants courts et minces. Tête petite avec des yeux ternes et de longues moustaches noires, mais avec des oreilles courtes. Les incisives sont extrêmement grandes et sont d'une couleur jaune vif et riche. Les piquants sont les plus courts sur le visage et atteignent leur plus grande longueur vers le milieu du dos. Souvent, ils sont presque cachés dans le sous-poil grossier, brun à noir du phoque. Les longs poils de garde sont également brun phoque près du corps, mais passent à un jaune plutôt sec aux extrémités. Un seul petit naît chaque année dans une tanière parmi les rochers, ou parfois dans un rondin creux. Les jeunes sont parmi les mammifères les plus précoces.

En Amérique du Nord, le porc-épic est considéré comme appartenant à une seule espèce *dorsatum* , bien qu'il existe sept sous-espèces. La sous-espèce la plus courante trouvée dans le sud-ouest est *l'épixanthum* (du grec *epi* , sur, et *xanthus* , jaune), parfois appelé porc-épic « aux cheveux jaunes ». Le porc-épic est le seul mammifère d'Amérique du Nord à porter des piquants acérés qui constituent peut-être sa caractéristique la plus intéressante. Certes, ils sont en grande partie responsables du parcours biologique inhabituel de cet animal incompris.

trouvera quelques exemples intermédiaires entre les poils et les piquants. Cela ne signifie pas que les poils les plus grossiers se transforment progressivement en piquants. Chaque follicule produit des poils ou des plumes, selon le cas, pendant toute la vie de l'animal. Une plume se compose de trois parties bien définies : une pointe solide et pointue, généralement de couleur noire ; un arbre creux, qui est blanc ; et une racine semblable à celle d'un cheveu.

porc-épic

La pointe pointue est lisse sur une fraction de pouce, mais à partir de ce moment, elle est recouverte d'un grand nombre de barbes étroitement appliquées. Ceux-ci peuvent être ressentis en frottant la plume dans le « mauvais » sens entre le pouce et l'index. Il a été constaté que ces barbes s'éloignent de la surface lorsque la plume est immergée dans l'eau chaude. Il semble naturel qu'ils fassent la même chose lorsqu'ils sont incrustés dans une chair chaude et humide. Quoi qu'il en soit, les piquants sont toujours difficiles à extraire et, si on les laisse dans la victime, ils pénètrent de plus en plus profondément jusqu'à ce qu'ils puissent percer un organe vital et provoquer la mort. Dans d'autres cas, on sait qu'ils travaillent entièrement à travers le corps ou un membre et émergent du côté opposé. Ceci est dû à l'action musculaire de la victime, certains mouvements tendant à forcer la pointe plus loin, les barbes empêchant en même temps tout recul.

Sous les barbes, la pointe de la plume s'évase pour rejoindre la tige. Blanche pure et opaque, cette partie est utilisée par les Indiens pour former des bandes décoratives de plumes sur le devant des gilets et des vestes en peau de daim. Cette partie est également creuse, et avant de tenter de retirer une plume de la chair, il faut couper un peu de l'extrémité. Cela effondre la tige et rend l'extraction un peu plus facile , mais très peu moins douloureuse. En fait, il n'y a aucune excuse pour qu'un humain s'implique avec l'une de ces créatures au caractère doux, mais parfois les chiens sont gravement blessés lors de leurs rencontres.

La racine est la partie par laquelle la plume est attachée au corps. Même si l'on croit généralement que le porc-épic peut « lancer » ses piquants, la vérité est que la partie racine est extrêmement faible et que les piquants se retirent facilement du corps lorsque la pointe barbelée est enfoncée dans un ennemi. En effet, tout mouvement violent de l'animal peut déloger les piquants, même si rien ne les a touchés. Il existe plusieurs récits bien authentifiés de piquants ayant été retournés sur plusieurs mètres de cette manière, mais dans chaque cas, c'était entièrement accidentel et sans effort conscient de la part du porc-épic. En d'autres termes, l'armement de cette créature lente et maladroite doit être considéré comme strictement défensif à tous égards.

Comme la mouffette, qui peut aussi se défendre très efficacement, le porc-épic n'a apparemment pas peur de ses ennemis. Lorsqu'il est menacé de violence, il baisse simplement la tête entre les pattes antérieures et tourne sa croupe vers l'attaquant. Avec ses poils et ses piquants dressés, il ressemble à une douce boule de poils. Les apparences sont rarement plus trompeuses ! Les poils de garde cachent à moitié un endroit sur le dos où un verticille de longues piquants rayonne en un grand « cowlick ». Si un ennemi touche ces longs poils de garde, la queue musclée est agitée vigoureusement dans le but d'enfoncer les piquants de la queue, un peu plus courts mais tout aussi pointus, dans l'attaquant. À chaque tentative d'attaque sous un autre angle, le porc-épic se retourne de manière à présenter sa croupe à l'ennemi. Il y a cependant un talon d'Achille dans cette défense par ailleurs presque parfaite. Ce sont les parties inférieures non protégées qui, en cas de danger, sont toujours maintenues plaquées contre le sol ou contre un tronc d'arbre. Quelques carnivores, parmi lesquels le lion de montagne et le pêcheur, sont connus pour tuer le porc-épic en le retournant sur le dos et en le déchirant. Cependant, même ces grands prédateurs s'en sortent rarement indemnes, et l'on sait que les lions et les pêcheurs sont morts des effets de piquants accidentellement introduits dans le tube digestif.

Ceux qui ont entendu dire que les porcs-épics ne vivent que d'écorce et ceinturent toujours les arbres hôtes seront peut-être surpris de constater que cela n'est qu'en partie vrai. Bien que l'écorce soit consommée dans une certaine mesure tout au long de l'année, elle constitue rarement le régime alimentaire principal. Lorsqu'une grande quantité est prélevée sur un arbre, celui-ci est rongé sans but, ce qui peut ou non ceinturer l'arbre. Au printemps et en été, le porc-épic se mue en brouteur des feuilles tendres et des brindilles des sous-bois. En automne et en hiver, il se nourrit davantage de gui et d'aiguilles de pin que d'écorce. Avec son faible taux de reproduction, il y a peu de risque qu'il dévore nos forêts, à moins que ses ennemis naturels ne soient éliminés.

Gopher de poche du Nord
Thomomys talpoides (grec : thomos , un tas et mys , souris. Latin : talpa , une taupe)

RÉPARTITION : Du nord-ouest des États-Unis et du sud-ouest du Canada jusqu'au nord de l'Arizona et au nord-ouest du Nouveau-Mexique.

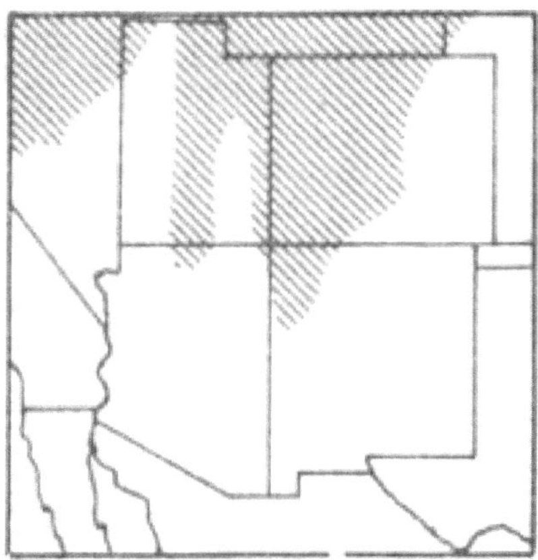

HABITAT : Terreau tendre des lieux ouverts de haute montagne. Rarement trouvé en dessous de 8 000 pieds, mais jusqu'à des altitudes de plus de 13 000 pieds au Nouveau-Mexique.

DESCRIPTION : Les monticules de terre caractéristiques constitués par ce groupe de rongeurs fouisseurs sont généralement le meilleur indice de leur présence. Le gaufre de poche du nord est de taille moyenne. Longueur totale 6½ à 9½ pouces. Queue de 1¾ à 3 pouces. Il est généralement de couleur grise avec des taches plus foncées derrière les oreilles arrondies. Les yeux et les oreilles sont petits. La queue courte a une pointe nue et émoussée. Les griffes antérieures sont longues et courbées. L'ensemble du corps est bien musclé et donne une impression de puissance. Le nombre moyen de jeunes est estimé à environ quatre. Aux altitudes élevées où vit cette espèce, les jeunes ne sont aperçus qu'assez tard en été.

gaufre de poche du nord

Le gaufre de poche du Nord est l'un des rongeurs les plus robustes du continent nord-américain. Néanmoins, il ne pourrait pas survivre au climat des régions inhospitalières qu'il habite parfois s'il ne passait presque toute sa vie sous terre. Cette créature n'hiberne pas, mais continue activement à chercher de la nourriture alors que la plupart des autres habitants souterrains sont profondément endormis dans leurs nids douillets. Il est difficile de dire pourquoi le spermophile devrait continuer à travailler pendant que ses cousins, les écureuils terrestres, dorment. Il semblerait qu'il ait les mêmes possibilités de s'accumuler pour le repos hivernal. La principale raison semble être que les bulbes et les racines dont il se nourrit sont toujours disponibles tant que le spermophile continue d'étendre ses travaux souterrains. En revanche, les spermophiles, qui rassemblent leur nourriture en surface, sont coupés de cet approvisionnement dès que le froid les pousse à se mettre à l'abri.

Les gaufres de poche se ressemblent beaucoup. Il existe trois genres et un nombre considérable d'espèces représentés dans le Sud-Ouest mais, à l'exception des variations dues au climat et au relief, leurs habitudes sont similaires. Les terriers sont généralement construits dans des sols limoneux profonds ou alluviaux. Ces tunnels semblent suivre un schéma sans but. Leur parcours est marqué par des monticules de terre jetés hors des chantiers à intervalles irréguliers. Lorsque le gopher est en train de jeter cette terre excavée, l'entrée du tunnel est laissée ouverte jusqu'à ce que le travail soit terminé, puis hermétiquement bouchée pour empêcher les ennemis d'entrer. Les tunnels eux-mêmes ont un diamètre plutôt petit, compte tenu de la taille du gopher, car s'il souhaite revenir sur ses pas et qu'il n'y a pas de galerie à proximité pour se retourner, il peut courir en arrière presque aussi facilement qu'en avant. Il y a généralement de nombreuses pièces creusées le long du tracé des tunnels. Dans l'un se trouve un nid chaud construit d'herbe et de fibres. D'autres sont utilisés comme débarras et au moins un est réservé comme toilettes, gardant ainsi le reste des travaux hygiénique. Lorsque le sol est recouvert de neige, le gaufre de poche du Nord, en particulier, est susceptible d'étendre ses activités à la surface. Ici, il construit ses tunnels dans la neige et les remplit souvent étroitement avec de la terre remontée par le bas. Celui-ci demeure lors de la fonte de la terre, lorsque la neige fond et forme une marque caractéristique de sa présence.

Les principaux aliments des gaufres de poche sont les bulbes, les tubercules et les racines fibreuses rencontrés au cours de leurs fouilles. Chaque fois qu'une réserve particulièrement abondante est trouvée, l'excédent est stocké comme assurance contre le moment où les fouilles futures ne produiront rien. Les Gophers mangent également des feuilles et des tiges lorsqu'elles sont disponibles. Certaines plantes sont tirées vers le bas à travers le toit du tunnel par les racines, et d'autres sont rassemblées près de son embouchure, bien que ces voyages « à l'extérieur » soient semés de dangers. Les coyotes, les renards et les lynx roux sont tous prêts à tenter leur chance pour rencontrer ce vaillant petit ferrailleur pour le plaisir du délicieux repas qu'il fournira.

On sait peu de choses sur la vie de la famille Gopher. Pour la plupart, ce sont des individus solitaires, évitant les autres de leur espèce. Au moment de la reproduction, cependant, ils peuvent parcourir une certaine distance à travers le pays pour trouver un partenaire. Ces voyages s'effectuent généralement dans l'obscurité. Les jeunes sont en moyenne quatre. Ils naissent à la fin du printemps et ne partent s'installer chez eux qu'au début de l'automne.

Physiquement, le spermophile présente une adaptation frappante à son mode de vie. La fourrure est épaisse et chaude. Il empêche les particules de terre de pénétrer dans la peau tout en protégeant celui qui le porte du froid de ses travaux souterrains. Les griffes avant lourdes et incurvées sont d'admirables outils de creusement. Dans les sols particulièrement durs, les grandes incisives robustes sont également mises en service à cet effet. Pour enlever la saleté du tunnel, le gopher se transforme en bulldozer animal. Les pattes avant servent de lame poussant le sol, tandis que les puissantes pattes postérieures poussent le corps et la charge vers l'ouverture du tunnel la plus proche. Les poches d'où cette créature tire son nom commun ne sont jamais utilisées pour transporter de la terre. Ce sont des pochettes garnies de poils situées sur chaque joue et utilisées pour transporter la nourriture jusqu'aux entrepôts. Là, on les vide en plaçant les avant-pieds derrière eux et en poussant vers l'avant. Enfin, en raison de son emplacement, mais certainement pas des moindres en termes d'utilité, est la queue courte, presque glabre. Il est utilisé comme organe tactile pour sentir le chemin lorsque le gopher court à reculons dans les tunnels. À certains égards, il est plus utile que les yeux, même si le spermophile les utilise également, comme en témoigne la rapidité avec laquelle il détecte tout mouvement près de l'embouchure de son tunnel.

La place du gaufre dans la nature semble s'apparenter à celle du ver de terre. En retournant le sol, le gopher lui permet d'absorber plus facilement l'eau et l'air. Dans le même temps, la fertilité est augmentée par l'ajout de plantes et de matières animales enfouies. Il s'agit en effet d'un échange équitable pour les plantes qu'il détruit dans sa quête de nourriture.

CARNIVORES
Y compris les Insectivores et les Chiroptères

Ce groupe se distingue des autres animaux par la présence de canines dans les deux mâchoires. La fonction de ces dents est d'attraper et de retenir d'autres animaux, car les carnivores sont des prédateurs. Il s'agit de la branche la plus développée du monde animal et atteint un sommet de spécialisation chez l'homme qui, bien que dépourvu de certaines qualifications physiques des autres prédateurs, a développé un cerveau qui lui a permis de prendre et de garder l'ascendant sur tous les autres animaux. . Dans ce livre, nous considérons avec le groupe deux autres ordres, les Insectivores et les Chiroptères . Ces ordres englobent les mammifères d'Amérique du Nord qui vivent principalement de vers ou d'insectes plutôt que d'autres mammifères. Ce sont respectivement les musaraignes et les chauves-souris.

Puisque les carnivores sont des chasseurs plutôt que des chassés, ils jouissent d'une mobilité bien plus grande que, par exemple, les rongeurs. Il n'est pas nécessaire qu'ils disposent d'un terrier pour échapper aux attaques des autres animaux, car il est inhabituel qu'ils s'attaquent les uns aux autres. La plupart des prédateurs restent dans une zone uniquement par choix ou, dans le cas des femelles adultes, afin d'élever leurs petits. Peu d'entre eux hibernent ; Les ours et les mouffettes passent effectivement un temps considérable par temps froid dans une torpeur, mais il s'agit au mieux d'un sommeil difficile, comme peut en témoigner quiconque a dérangé ces animaux à cette période. En ce qui concerne les Chiroptères , certaines espèces de chauves-souris hibernent et d'autres migrent vers un climat plus chaud pour passer l'hiver. Étant donné que la plupart des prédateurs sont actifs tout l'hiver, alors que de nombreux rongeurs sont en hibernation, cela peut être une période de famine pour les carnivores. Dans le même temps, c'est une saison de danger accru pour les espèces encore actives dont se nourrissent ces prédateurs .

Parce que ces chasseurs traquent continuellement d'autres animaux, leurs habitats sont aussi variés que ceux de leurs carrières. Ainsi, le lion de montagne est une créature du Rimrock, où il peut le plus facilement trouver des cerfs broutant l'acajou des montagnes ; tandis que son petit cousin, le lynx roux, traque des animaux plus petits dans le chaparral des pentes. Les chiens sauvages chassent les écureuils terrestres et les lapins dans les plaines et les broussailles. Dans la famille des belettes, on trouve la martre à la cime des arbres poursuivant les écureuils, la belette chassant les souris dans les prés, et le vison et la loutre poursuivant leurs proies à proximité ou dans l'eau. Certaines espèces, comme les ours, sont omnivores et peuvent être rencontrées presque partout . partout où l'on peut trouver une quantité abondante de nourriture de toute sorte. Pratiquement toutes les espèces, à l'exception des chauves-souris et des mouffettes, peuvent être considérées comme diurnes et nocturnes, mais la majorité sont plus actives entre le crépuscule et le lever du soleil.

Puisque le but des carnivores dans le système naturel est de contrôler les mangeurs de légumes, il s'ensuit que chaque prédateur doit être quelque peu supérieur, soit physiquement, soit mentalement, ou les deux, à l'espèce dont il se nourrit. Les associations entre poursuivant et poursuivi peuvent être occasionnelles avec des espèces comme le coyote, qui se nourrissent d'un grand nombre d'espèces plus petites, ou elles peuvent être nettement définies comme avec le lynx, qui, dans certaines localités, dépend presque entièrement du lièvre d'Amérique pour se nourrir. . La férocité apparente avec laquelle certains prédateurs tuent, non seulement assez pour un repas, mais bien plus que ce dont ils ont besoin, ne peut pas encore être expliquée. Cette habitude est plus prononcée dans la famille des belettes. Il se peut que des contrôles plus poussés soient nécessaires dans le cas de leurs espèces hôtes, les rongeurs dans la plupart des cas. Quelle qu'en soit la raison, cette tuerie gratuite n'a pas bouleversé l'équilibre que maintiennent ces espèces. L'homme, le prédateur le plus impitoyable et le plus intelligent de tous, est la seule espèce qui a réussi à en exterminer d'autres.

Les prédateurs occupent une place privilégiée dans l'estime de la plupart des naturalistes. Au début, la sympathie pour les faibles et l'indignation contre les forts sont des sentiments humains parfaitement naturels. À mesure que la nécessité du contrôle et la merveilleuse manière dont la nature atteint un équilibre deviennent évidentes, le rôle du prédateur devient de plus en plus apprécié par l'étudiant.

Lion de montagne
Felis concolor (latin : un chat de la même couleur ;

faisant sans aucun doute référence au mélange fluide de la coloration du corps)

RÉPARTITION : Actuellement, principalement confinée à l'ouest des États-Unis et au Canada, ainsi qu'à tout le Mexique, jusqu'à la pointe sud de l'Amérique du Sud. Il existe un certain nombre de pumas en Floride et des rapports persistants indiquent qu'ils pourraient faire leur retour dans un certain nombre d'autres États de l'Est.

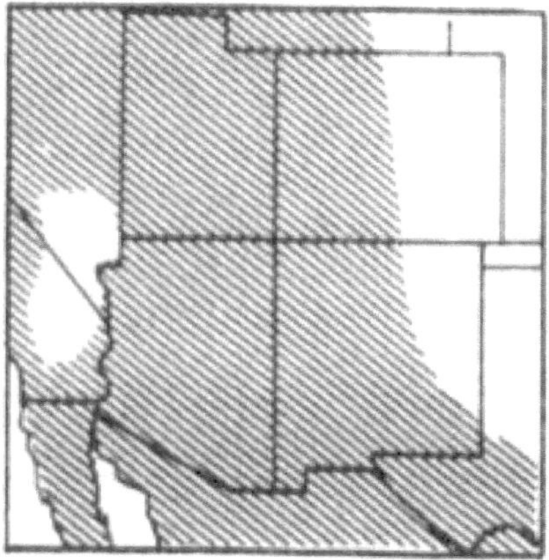

HABITAT : Comme l'indique l'aire de répartition, les habitats varient considérablement. Les lions des montagnes du sud-ouest montrent une préférence pour les pays rimrock dans la zone de vie de transition ou plus, mais ils sont souvent observés dans toutes les zones de vie.

DESCRIPTION : Un énorme chat fauve avec une longue et lourde queue. La longue queue est une marque de terrain identifiant les jeunes qui, ayant un pelage tacheté, ressemblent dans une certaine mesure aux jeunes lynx roux. Longueur totale de 72 à 90 pouces. Queue de 30 à 36 pouces. Poids 80 à 200 livres. La couleur peut varier du gris fauve au rouge brunâtre sur la majeure partie du corps, les parties inférieures étant plus claires. La tête et les oreilles semblent petites par rapport au corps maigre et musclé. Les dents sont grandes, les canines étant particulièrement massives. Comme la plupart des membres de la famille des félins, le lion de montagne a de grands pieds avec de longues griffes acérées. Les traces montrent l'empreinte de quatre orteils ainsi qu'un grand coussinet au centre du pied. Les petits peuvent naître à tout moment de l'année. Une seule portée naît tous les 2 à 3 ans et le nombre moyen de petits est de trois.

Il est probable qu'aucune espèce de mammifère du Nouveau Monde n'égale le lion de montagne dans une répartition lointaine . Du Yukon à la Patagonie, ce carnivore insaisissable est encore présent en nombre considérable malgré les campagnes agressives menées contre lui. Aux États-Unis, il est le principal représentant des chats sauvages, un groupe réputé pour ses habitudes féroces et prédatrices. Heureux est celui qui aperçoit un de ces grands félins dans la nature. Cela n'est peut-être pas aussi difficile qu'on pourrait l'imaginer, car les pumas voyagent souvent à travers des zones relativement bien peuplées. Cela est particulièrement possible dans le Sud-Ouest, car la zone de quatre États couverte par ce livre contient la plus forte population de pumas des États-Unis. Cependant, l'abondance relative de ce carnivore n'a pas permis de mieux le comprendre. Le lion de montagne est toujours l'une des créatures les moins connues et les plus décriées de notre époque.

Lion de montagne

Les Mexicains appellent ce cosmopolite « Léon ». Au Brésil, on l'appelle « onca ». Le nom le plus distingué, et le premier dans l'histoire du Nouveau Monde, est peut-être « puma », donné par les Incas. Les premiers colons américains de la côte Est l'appelaient « panthère », « peintre » et « catamount ». Dans le nord-ouest des États-Unis, il est connu sous le nom de « couguar » et dans le sud-ouest, sous le nom de lion de montagne. Bien qu'il n'existe qu'une seule espèce *concolor*, il existe un certain nombre de sous-espèces. Une quinzaine d'entre eux sont désormais reconnus, la plupart étant des races géographiques et peu différentes de l'espèce. Quatre de ces sous-espèces se trouvent dans les quatre États qui nous intéressent. L'un des plus intéressants est *l'hippoleste* qui habite l'État du Colorado. Traduit du grec, cela signifie « voleur de chevaux », une épithète appropriée pour ce maraudeur fantomatique. Comme on pouvait s'y attendre compte tenu de leur vaste répartition, les différentes sous-espèces ont une immense aire de répartition verticale. Dans le sud-ouest, on les trouve depuis le niveau de la mer dans le sud-ouest de l'Arizona jusqu'aux sommets des plus hauts sommets du Colorado.

Au cours des plus de quatre siècles qui se sont écoulés depuis que l'homme blanc a posé le pied pour la première fois sur le sol du Nouveau Monde, une grande masse de folklore concernant le lion de montagne s'est accumulée. Moitié réalité, moitié fiction, ces récits ont été répétés d'une génération à l'autre et peu de détails ont été perdus dans le récit ; en fait, dans la plupart des cas, plusieurs ont été ajoutés. Les plus courants sont ceux qui décrivent sa férocité et ses attaques contre l'homme. Pour l'essentiel, ces récits sont sinistres et convaincants, mais ils ne résistent pas à un examen scientifique. Il est vrai que de telles attaques ont eu lieu ; l'une des plus récentes et des mieux vérifiées a été celle sur un garçon de 13 ans dans le comté d'Okanogan, Washington, en 1924. Elle a entraîné la mort et la dévoration partielle du malheureux jeune. Aussi sensationnel que soit cet incident, il a suscité une publicité bien disproportionnée par rapport à son importance. En fait, des articles concernant cette affaire paraissent encore de temps en temps. La vérité est que très peu de cas authentiques d'attaques de pumas contre des humains se sont produits aux États-Unis, et que la plupart d'entre eux *pourraient* avoir été causés par la rage du puma. De telles attaques ne constituent certainement pas un comportement typique de l'animal normal. Pour l'homme, le lion prend son envol chaque fois que cela est possible, et même acculé, il est loin d'être aussi pugnace que son petit cousin, le lynx roux.

D'autres histoires sur le lion de montagne mettent souvent l'accent sur les cris à glacer le sang avec lesquels il annonce sa traque d'un malheureux au fond de la forêt. Les faits sont qu'il n'y a aucune raison de croire que les lions ne peuvent pas ou ne crient pas, mais la plupart des autorités conviennent que de telles expressions vocales sont plus susceptibles d'être émises par un vieil homme courtisant sa bien-aimée ou mettant en garde un rival. Les chats sont des créatures furtives et rusées qui rampent sur leurs proies aussi silencieusement que possible. Les Lions annonceraient difficilement leur présence avec le genre de cris dont on leur attribue. Il semble prudent de dire qu'au moins 90 pour cent de ces prétendus cris peuvent être attribués à des hiboux ou à des lynx roux amoureux. Souvent, ces sons ont été liés à de grandes traces trouvées à proximité comme preuve de la présence d'un lion de montagne dans la région. Cela a amené un auteur à faire remarquer que « le témoin est généralement incapable de distinguer la trace d'un gros chien de celle d'un lion de montagne ». De plus, les cris peu fréquents émis par les lions des montagnes en captivité indiquent que de tels sons dans la nature seraient loin d'être spectaculaires. Il s'agit d'un son qui ressemble plus à un sifflement qu'au gémissement démoniaque si souvent attribué à l'animal sauvage.

De nombreuses histoires sont racontées à propos d'une personne, généralement un ancêtre pionnier, qui a été suivie par un lion de montagne. Dans la plupart des cas, cette personne est revenue sur place convenablement armée et avec des témoins qui ont trouvé les traces de la bête ainsi que celles de son ami. Curieusement, de tels incidents ne sont pas du tout rares. Ils ont été enregistrés et vérifiés à plusieurs reprises. Dans ces cas, l'animal n'a souvent fait aucun effort pour se cacher mais a suivi la personne tout à fait ouvertement. Malgré cette audace, il semble qu'il n'y ait pas de motif sinistre, mais simplement une curiosité naïve et surprenante de la part du félin quant au genre de créature qu'est l'homme. Il est regrettable que si peu de données aient été enregistrées sur ces cas, mais cela est tout à fait compréhensible dans les circonstances.

Enfin, dans la plupart des histoires, il n'y a qu'une seule taille de puma : grand ! Au fur et à mesure que l'histoire tourne, le lion ne devient jamais plus petit ; il grossit invariablement. D'une manière ou d'une autre, les records ont manqué tous ces très gros lions. Tout lion mesurant plus de 8 pieds de longueur et pesant 200 livres sera un vieux mâle extrêmement grand dans la classe record. La moyenne sera beaucoup plus petite. Les statistiques montrent que la plupart des lions mesurent entre 5 et 7 pieds de long et pèsent entre 80 et 130 livres pour les femelles adultes, et entre 6 et 8 pieds de long et pèsent entre 120 et 200 livres pour les mâles adultes. Les erreurs dans l'estimation de la taille de ces grands félins sont faciles à expliquer. En premier lieu, le lion est une créature longue, basse et élégante qui donne l'impression d'être plus longue qu'elle ne l'est en réalité. De plus, sa taille est inconsciemment exagérée par de nombreuses personnes impressionnées par sa puissance et son agilité extraordinaires . Beaucoup de ses exploits de force semblent impossibles pour un animal aussi petit. Enfin, sa peau tannée peut être disponible pour mesure. En réalité, cela ne prouve rien ; les peaux sont souvent étirées de 2 pieds ou plus au moment où l'animal est écorché, et le tannage ne les rétrécit pas sensiblement.

Rien de ce qui précède n'est censé porter atteinte de quelque manière que ce soit à la réputation du lion de montagne ou à sa place dans le folklore américain. C'est le troisième plus grand prédateur du Sud-Ouest, dépassé seulement par le jaguar et l'ours en taille, et les surpassant tous deux en agilité. Dans le passé, il a été craint et détesté par ceux dont les troupeaux ont souffert de ses déprédations. Leurs efforts pour l'exterminer ont parfois entraîné de graves problèmes biologiques, mais à la lumière d'études plus avancées, il semble probable que ce grand carnivore sera épargné à l'avenir pour conserver la place qui lui revient dans nos régions les plus sauvages.

Le lion de montagne « va avec le cerf » ; c'est-à-dire que sa fonction est de garder les cerfs sous contrôle afin qu'ils ne dévorent pas leur aire de répartition et ne meurent pas de faim. Même si, à première vue, une telle possibilité semble hors de question, elle est devenue un problème sérieux ces dernières années. Cette situation s'intensifiera encore à mesure que l'aire de répartition appropriée des cerfs deviendra plus restreinte avec l'avancée de la civilisation. Une autre fonction de la relation lion de montagne-cerf est d'éliminer les individus malades et inférieurs afin que le troupeau de cerfs reste en bonne santé et conforme à de bonnes normes physiques. On peut affirmer que la chasse atteint le même but, et c'est effectivement le cas, à une exception majeure près. Le nimrod, en quête d'une belle tête de trophée, s'en prend à la fleur de l'âge, à un moment où il devrait engendrer le troupeau du futur. Le couguar ne sélectionne pas consciemment ses victimes ; il prend les plus faciles à attraper, laissant ainsi les survivants les plus sages et les plus sains comme cheptel reproducteur.

Bien que les cerfs soient la nourriture préférée du lion, de nombreuses autres espèces de mammifères sont sa proie lorsque les cerfs sont rares. Leur taille varie des plus petits rongeurs aux animaux aussi gros que le wapiti. Parmi les espèces les plus improbables enregistrées figurent la mouffette et le lynx roux. Le lion a également la particularité douteuse d'être l'un des principaux prédateurs du porc-épic. Manger cette dernière espèce est cependant plein de dangers, car peu importe avec quelle expertise la carcasse est retirée de son revêtement épineux, quelques piquants pénétreront dans la chair du convive. Peu de proies autres que les mammifères sont capturées. Les oiseaux ne sont pas facilement capturés par un animal aussi gros et, bien qu'il ne fuit pas l'eau, il est mal équipé pour s'adapter à toute forme de vie aquatique. Le lion de montagne ne mange pas de charogne, sauf dans les circonstances les plus graves , et préfère les aliments qu'il a lui-même tués.

Il existe deux méthodes principales par lesquelles le lion de montagne attrape sa proie. La technique de traque et de bond du chat domestique commun est plus efficace dans les zones broussailleuses où le faible accroupissement du lion place sa masse derrière la couverture végétale serrée. En remuant le bout de sa queue, il rampe vers l'avant jusqu'à ce qu'une courte course et le ressort, ou le ressort seul, le transportent vers le flanc avant de la victime sans méfiance. Si le cou du traqué n'est pas brisé par l'impact du corps lourd, les griffes acérées ou les canines massives entrent en jeu pour déchirer la veine jugulaire et mettre fin à la lutte. Dans l'autre méthode de chasse, le lion choisit un rebord au-dessus d'une piste de gibier et y attend simplement qu'un animal à son goût passe en dessous. Le poids de son corps est généralement suffisant pour porter la victime au sol et elle est rapidement expédiée. Des études sur les lions de montagne en Californie ont déterminé qu'en chassant le cerf, l'animal en attrape une sur trois. On estime que dans une zone à forte population de cerfs, chaque puma en tue un chaque semaine. Il est intéressant de noter que dans de nombreux endroits du sud-ouest, les cerfs sont en augmentation, ce qui indique la nécessité de recruter davantage de prédateurs pour réduire leur nombre.

Comme le lion de montagne a peu d'ennemis, son taux de reproduction est faible. Deux à quatre chatons naissent dans chaque portée, mais généralement à des intervalles de 2 à 3 ans. Les tanières sont parfois situées au plus profond des rochers ; d'autres peuvent n'être rien de plus qu'un nid d'herbe dans les broussailles sur une crête rocheuse. Comme les chatons domestiques, les petits naissent aveugles. Ils ont un motif de couleur intéressant à la naissance, un pelage fortement tacheté et une queue légèrement annelée. Cela disparaît complètement vers la moitié de leur croissance, leur laissant le pelage fauve rougeâtre qui se marie si bien avec leur environnement. Ils arrivent à maturité vers l'âge de 2 ans ; des tueurs magnifiquement évolués qui doivent être admirés par tous ceux qui ont compris les méthodes par lesquelles la nature régule le monde animal.

Lynx
Lynx rufus (latin : nom de l'animal, et rufus, rougeâtre)

RÉPARTITION : Commune dans une grande partie des États-Unis et du Mexique. Trouvé dans tout le sud-ouest.

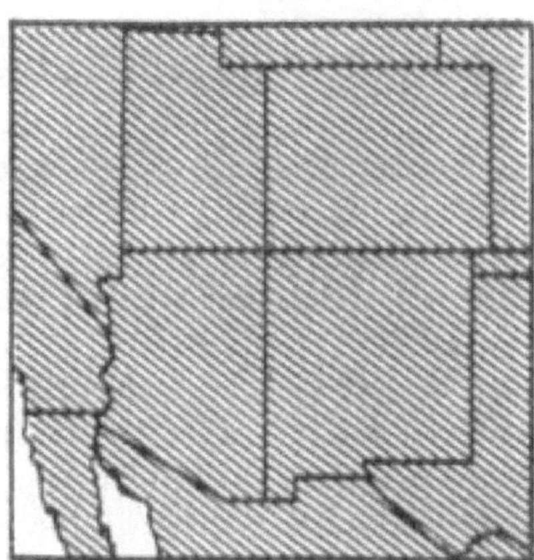

HABITAT : Cette espèce commune se trouve dans toutes les zones où il y a suffisamment de couverture pour la cacher.

DESCRIPTION : Un lynx roux se distingue du lynx par de petites touffes d'oreilles, une couleur plus roux et une bande noire qui ne traverse que la surface supérieure du bout de la queue. Longueur totale 30 à 35 pouces. Queue 5 pouces. Poids 15 à 30 livres. C'est un animal trapu avec de longues pattes musclées et de grands pieds. Les côtés du visage sont fortement striés de noir, le dos des oreilles est foncé, le pelage est généralement fauve à roux sur le dessus, les parties inférieures sont plus claires. Taches sombres plutôt proéminentes sur tout le pelage, intérieur des pattes avant souvent barré de couleur plus foncée. Jeunes de deux à six ans, généralement nés au début du printemps ; une seule portée par an.

Ce sont les membres sauvages les plus communs de la famille des félins dans le Sud-Ouest. Leur répartition aux États-Unis suit un schéma étrange, dans la mesure où on ne les trouve pas dans plusieurs États du Midwest et du Sud-Est, ni dans une vaste zone du centre du Mexique. En tout, il existe une douzaine de sous-espèces de *Lynx rufus* en Amérique du Nord. Ce sont de petits prédateurs coriaces , parmi les derniers à battre en retraite devant l'avancée de la civilisation. En fait, on les trouve souvent à la périphérie même de nos grandes villes, sur les rats qui infestent les décharges municipales.

Dans les zones plus sauvages, qui constituent l'habitat approprié du lynx roux, ses traces ne se distinguent de celles des plus grands *félidés* que par leur plus petite taille. Comme les plus grands membres de la famille des chats, il est équipé d'un ensemble de griffes solides, rétractiles et extrêmement acérées. Bien qu'il y ait cinq orteils sur chaque pied avant et seulement quatre sur les pieds postérieurs, les traces des deux pieds sont similaires. En effet, le cinquième orteil, correspondant à notre pouce, est si haut à l'intérieur de la patte antérieure qu'il ne touche normalement pas le sol. Lors d'un déplacement normal, les griffes sont toujours en position rétractée et ne sont jamais visibles dans les chenilles. Tous les chats indigènes ont tendance à placer leurs pattes postérieures dans les traces laissées par les pattes avant, de sorte que chaque trace est en fait une double empreinte. C'est peut-être l'une des raisons pour lesquelles l'approche d'un chat est si silencieuse !

lynx

Les lynx roux ont de nombreux traits en commun avec leur parent, *Lynx canadensis* (non traité dans ce livre en raison de son extrême rareté dans le Sud-Ouest), mais sont plus polyvalents dans leurs goûts alimentaires. Alors que le lynx est suffisamment dépendant du lièvre d'Amérique pour que sa population corresponde étroitement en fluctuation à celle de son « hôte », le lynx roux a un appétit beaucoup moins discriminant. Il aime également les lièvres d'Amérique et les lapins, mais il profite également de divers autres mammifères et des oiseaux vivant au sol. Les lynx roux mangent même des charognes, mais préfèrent la viande fraîche. On rapporte de manière fiable qu'ils mangent des porcs-épics, de jeunes pronghorns, des cerfs et des moutons, à la fois mouflons et domestiques ; et ils tuent parfois des cerfs adultes, bien que ce soit un procédé difficile et dangereux. Habituellement, une proie est au moins partiellement recouverte de débris et le chat reviendra au moins une fois pour s'en nourrir à nouveau.

Bien que les lynx roux soient les moins spectaculaires de nos chats indigènes, ils sont les plus nombreux et les plus uniformément répartis. Ainsi, collectivement, ils pourraient avoir plus d'importance dans le plan directeur de la Nature que nous ne le pensons. Leur rôle pourrait même gagner en importance au fil du temps, en raison de la rareté croissante des espèces de chats de plus grande taille.

Renard rouge
Vulpes fulva (latin : un renard... fulva, signifiant jaune foncé ou fauve)

RÉPARTITION : Présente dans la majeure partie de l'Amérique du Nord, au nord de la frontière mexicaine. Les exceptions aux États-Unis sont les zones du sud-est et du centre des États et les parties désertiques du sud-ouest.

HABITAT : Dans le Sud-Ouest, ces renards sont limités aux zones boisées des montagnes. Ils se trouvent généralement dans la zone de vie de transition ou plus.

DESCRIPTION : De la taille d'un petit chien, possédant une queue touffue à pointe blanche. Longueur totale 36 à 40 pouces. Queue de 14 à 16 pouces. Poids 10 à 15 livres. Outre le type, ce renard possède au moins deux phases de couleur bien définies avec de nombreuses formes intermédiaires. Ceux-ci seront considérés séparément. Une forme occidentale typique de renard roux sera plus jaune que rouge. Le rouge le plus brillant sera une ligne médiane roux qui descend le long du dos. Cela passe à un jaune ocre le long des bords et passe au jaune plus clair sur les côtés. La queue est généralement jaune foncé avec des poils de garde noirs et toujours une pointe blanche. Les parties inférieures sont jaune clair à blanches. Le devant des pieds, le bas des jambes et l'arrière des oreilles sont toujours très foncés à noirs. Le sous-poil est de couleur plomb. La tête est petite avec de grandes oreilles, des yeux jaunâtres à pupilles elliptiques, un nez et des mâchoires étroits.

Les petits, quatre à six par portée, naissent au début de l'été et une seule portée est produite chaque année.

La forme occidentale du renard roux pourrait plus justement être appelée le renard « jaune », car il est nettement plus jaune que rouge. Pour ajouter à la confusion, le renard gris, *Urocyon cinereoargenteus*, de l'Ouest, a généralement un pelage plus rouge que le renard roux. Cependant, le renard gris est un habitant du désert et on ne le trouve pas souvent aux altitudes préférées du renard roux. De plus, sa queue est terminée de noir ; cela sépare définitivement les deux espèces en un coup d'œil. Les différences de phases de couleur au sein du groupe du renard roux sont plus prononcées et ont conduit de nombreuses personnes à les considérer comme des espèces distinctes. Les deux types les plus distincts de ces variétés sont connus sous le nom de renard « croisé » et de renard « noir » ou « argenté ».

Le terme renard « croisé » ne fait référence ni à la disposition de l'animal ni au fait qu'il s'agit d'une variété hybride, bien qu'il soit souvent croisé ou méchant et ne soit pas un hybride. Il fait allusion à la croix sombre sur son dos. Celui-ci est formé par une ligne médiane sombre à noire se croisant perpendiculairement à une bande sombre qui traverse les épaules. Son effet est augmenté par des quantités considérables de gris et de noir mélangées à la couleur jaune normale des côtés. Les longs poils de la queue sont gris jaunâtre à noirs, l'effet général étant foncé mais, comme pour le type, la pointe est d'un blanc pur. Comme on pouvait s'y attendre, il existe de nombreuses gradations entre cette phase de couleur et le type, certains d'entre eux étant parmi les renards les plus frappants et les plus beaux au monde.

Le renard « noir » ou « argenté » est une forme mélanique du renard roux. Dans sa forme la plus frappante, il est d'un noir lisse et brillant, la sombre généralité de son pelage étant soulagée par une pincée de poils de garde blancs argentés. Ceux-ci sont plus épais au niveau des épaules, sur la partie postérieure du dos, ainsi que sur le dessus et les côtés de la tête. Les parties inférieures, bien que noires, n'ont pas la « finition » brillante si évidente sur le dos et les côtés. Le bout de la queue est également d'un blanc pur sous cette forme. Il s'agit du renard « argenté » du commerce, un animal qui, grâce à l'élevage sélectif, s'est standardisé dans l'industrie de la fourrure. Néanmoins, la couleur noire a un caractère récessif, comme en témoignent les rejets qui font souvent leur apparition dans des portées par ailleurs noires. Sans une vigilance constante de la part des éleveurs, le renard « argenté » redeviendrait bientôt une rareté. La loi mendélienne ne peut être annulée par quelques générations de sélection sélective.

Les renards sont les plus petits chiens originaires des États-Unis. Bien qu'il paraisse beaucoup plus grand en raison de sa longue fourrure et de sa queue touffue, le renard roux moyen ne pèsera pas plus lourd qu'un gros chat domestique. Ils compensent cependant ce manque de taille par des mouvements extrêmement rapides. Ils sont ainsi capables d'attraper de nombreux petits mammifères qui déjouent les coyotes et les loups. Les lapins sont parmi les plus gros mammifères avec lesquels ils peuvent se débrouiller, mais les souris, les rats des bois, les pikas et les écureuils terrestres font tous partie intégrante de leur alimentation. De plus, ils capturent de nombreux gros insectes, oiseaux nicheurs au sol et œufs chaque fois que cela est possible. Les renards ne sont pas aussi omnivores que les coyotes, mais ils apprécient les baies et les fruits à noyau et attaquent parfois les parcelles de pastèques.

La vie sociale des renards est des plus intéressantes. La famille est une unité étroitement unie qui, en règle générale, ne se désagrège que lorsque les jeunes sont capables de prendre soin d'eux-mêmes. Les renards sont monogames ; c'est-à-dire qu'ils choisissent normalement leurs partenaires pour la vie. Les tanières peuvent être situées dans des terriers creusés dans le sol ou dans des crevasses profondes dans les rochers. Ils se trouvent généralement dans un endroit offrant une bonne vue sur le territoire environnant. Les chiots naissent assez tôt au printemps et au début de l'été, ils joueront à l'entrée de la tanière, bien qu'ils ne s'aventurent à distance que beaucoup plus tard. Si l'on s'approche de la tanière alors que les petits s'y trouvent, la femelle sera souvent très audacieuse dans ses tentatives pour éloigner les intrus. Dès que les petits sont sevrés, le mâle rejoint sa compagne pour leur apporter de la nourriture. Au début de l'automne, la famille chasse ensemble.

Le renard roux était un symbole de sagacité et de ruse bien avant Ésope. Une grande partie de cette réputation est bien méritée, comme en témoigne leur retrait obstiné face à la civilisation qui les entoure. Pourtant, on se demande parfois si leur sagesse n'est pas surfaite. Je me souviens d'une vieille femelle qui, chaque année, mettait bas ses petits dans l'embouchure d'un drain de tuiles qui drainait un terrain marécageux devenu asséché depuis. L'extrémité supérieure de la tuile était enfouie à environ 15 pieds sous la surface du sol. Mon ami surveillait la zone jusqu'à ce que les chiots soient à moitié adultes. Ensuite, il bloquait l'entrée de la tuile avec un piège et les attrapait alors que la faim les poussait vers l'appât. Cela dura plusieurs années, la vieille renarde ne semblant jamais apprendre par une amère expérience que sa famille lui serait enlevée.

Renard rouge

Loup gris
Canis lupus (latin : chien... un loup)

RÉPARTITION : Canada et Alaska au nord jusqu'à la côte nord du Groenland. Aux États-Unis, on le trouve dans trois zones largement séparées : l'Oregon, l'Utah et le Colorado, ainsi que le Nouveau-Mexique et l'Arizona. Il s'étend vers le sud jusqu'aux plateaux du Mexique.

HABITAT : Dans le Sud-Ouest le loup, comme le coyote, quitte les plaines, qui sont son habitat de prédilection, pour vivre dans les pays accidentés de la Zone de Vie de Transition.

DESCRIPTION : D'apparence canine, mais plus gros qu'un gros chien. Porte sa queue courte et touffue au-dessus de l'horizontale lorsqu'il voyage. Le loup gris est presque incroyablement grand. Longueur totale de 55 à 67 pouces. Queue de 12 à 19 pouces. Hauteur aux épaules 26 à 28 pouces. Poids 70 à 170 livres. Ces animaux présentent une énorme variation de couleur, mais l'individu moyen ressemblera beaucoup à un gros berger allemand. A partir de cette moyenne, ils varieront de la robe presque blanche trouvée en Alaska à la phase noire du loup rouge du Texas. La tête du loup est distinctive. Il a un visage large avec un nez large mais court. Les yeux jaune paille ont des pupilles rondes. Les oreilles sont courtes et rondes, ressemblant beaucoup plus à celles d'un chien qu'à celles d'un coyote . Les pieds, en harmonie avec le reste du corps, sont grands. Les pattes avant ont cinq orteils ; comme c'est l'habitude chez les chiens, le premier orteil ou « pouce » ne touche pas le sol. Le pied postérieur n'a que 4 orteils. Ces animaux ont un taux de reproduction élevé. Chaque année, une seule portée peut comprendre de 3 à 4 jusqu'à 12 ; la moyenne est supposée être de 6 à 8.

L'association du loup avec l'homme est plus ancienne que l'histoire enregistrée. Lorsque l'homme a pris pour la première fois son ascendant sur les autres mammifères, on pense que le loup était l'ancêtre du chien. En tant que partenaire de chasse de l'homme, il l'a aidé à devenir le seul animal supérieur capable de l'exterminer. À l'heure actuelle, c'est exactement ce que l'homme est sur le point de faire. Il ne reste que quelques-uns de ces magnifiques chiens sauvages aux États-Unis. Ceux-ci sont concentrés principalement dans le sud-ouest, et certains d'entre eux ont sans aucun doute traversé la frontière depuis le Mexique. D'ici peu, l'espèce va probablement disparaître dans ce pays, mais les grands nombres qui subsistent en Alaska et au Canada devraient persister pendant de nombreuses années.

Une grande partie de l'antipathie du public à l'égard des loups vient de la littérature. Qui, enfant, ne s'est pas réjoui du danger qui entourait le Petit Chaperon Rouge et ne s'est pas réjoui de la fin ultime du grand méchant ? Bien avant que les dessins animés ne prennent le pas sur les comptines, les livres pour enfants portaient une marque sur la page où le « grand méchant loup soufflait et soufflait et faisait exploser la maison ». « Garder le loup de la porte » est une expression aussi pleine de sens aujourd'hui qu'elle l'était au XVe siècle, lorsque l'animal a disparu en Angleterre. Le loup a toujours été un symbole de prise impitoyable. Le genre *lupinus* (latin : loup), un magnifique groupe de plantes de la famille des pois, est ainsi appelé parce que les premiers botanistes pensaient qu'il pillait le sol. Le « loup » si souvent rencontré lors des fêtes à la maison est inclus dans cette classe. Aucune de ces caractérisations ne donne une bonne impression, et toutes sont révélatrices des sentiments de l'homme à l'égard du loup. Il est très regrettable que l'homme condamne si souvent tout ce qui interfère avec son propre progrès économique. La nature a une place pour le loup, une tâche spécialisée pour laquelle il est admirablement adapté.

Avant l'arrivée de l'homme blanc, les bisons parcouraient les plaines occidentales en grands troupeaux constamment suivis par des meutes de loups et de coyotes. Tant que les bisons restaient proches les uns des autres , ils étaient relativement en sécurité, mais malheur aux malades ou aux faibles qui restaient à la traîne. Ceux-ci furent rapidement démolis, et après que les loups eurent mangé les portions les plus choisies, les coyotes et les vautours s'emparèrent du reste. Lorsque l'homme blanc a exterminé les bisons, l'armée des loups avait disparu et ils se sont tournés vers le substitut logique, le bétail de l'homme blanc. Cela ne pourrait avoir qu'un seul résultat. Au cours de la campagne de contrôle des prédateurs qui a suivi, un fossé a été creusé dans la population de loups du sud-ouest, laissant un groupe isolé dans l'Utah et le Colorado et un autre dans le sud de l'Arizona et au Nouveau-Mexique. Ce dernier groupe est en réalité formé par l'immigration de loups en provenance du Mexique. Son nombre fluctue à mesure que les animaux traversent la frontière en fonction des conditions locales. Durant le programme d'extermination, le comportement du loup a été considérablement modifié.

Les récits des premiers voyageurs soulignent la facilité avec laquelle le loup gris acceptait leur présence. Lorsqu'un voyageur abattait un bison, le loup s'asseyait à portée de main et attendait que les meilleures coupures aient été enlevées. Elle a ensuite emménagé pour sa part. Depuis lors, le loup est devenu l'une des créatures sauvages les plus méfiantes et les plus rusées. Doté d'une intelligence vive, il a découvert que ce n'est que par un isolement complet qu'il peut échapper aux méthodes conçues pour sa destruction. À cette fin, il s'est déplacé des plaines vers les endroits les plus inaccessibles des montagnes. Rares sont ceux qui reverront un loup dans le sud-ouest, et je me considère chanceux d'avoir vu ce fantôme gris des plaines il y a longtemps et d'avoir entendu son profond hurlement briser le silence d'une froide nuit d'hiver.

Loup gris

Coyote
Canis latrans (latin : chien... qui aboie)

RÉPARTITION : Le coyote est commun dans tout le Sud-Ouest.

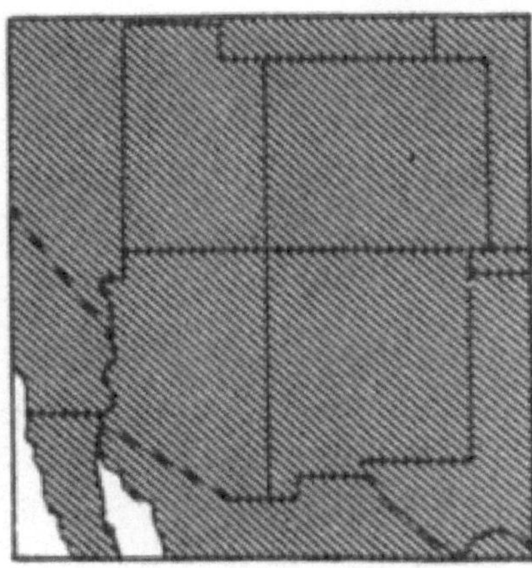

HABITAT : Ce petit loup, autrefois créature des prairies, se retrouve désormais dans toutes les zones de vie et parmi de nombreuses associations différentes.

DESCRIPTION : En raison de leurs associations variées et de leur large gamme climatique, les coyotes sont de nombreuses tailles et couleurs. En général, ils ressemblent à un berger allemand plutôt petit et maigre, aux yeux jaunâtres. Une bonne marque de terrain est la queue touffue qui est portée bas pendant que l'animal court et qui est rarement élevée au-dessus de l'horizontale. Longueur totale moyenne de 43 à 55 pouces. Queue de 11 à 16 pouces. Couleur fauve à gris rougeâtre avec la gorge et la poitrine blanches ou claires, les pattes et les doigts foncés. Il y a généralement une ligne médiane sombre sur le dos et la queue est également un peu plus foncée que le corps. Les coyotes sont des animaux maigres ; malgré une impression d'encombrement suggérée par la longue fourrure, un gros coyote pèse rarement plus de 30 livres. La trace ressemble beaucoup à celle d'un chien de taille moyenne ; cependant, les empreintes des griffes ont tendance à converger davantage vers une ligne médiane que celles de l'animal domestique. Les coyotes sont modérément prolifiques. La portée moyenne contient de 4 à 6 petits, bien que jusqu'à 11 aient été enregistrés. La meilleure indication de la présence des coyotes dans une zone est leur « chant » pendant la soirée. Ils saluent parfois le lever du soleil, mais sont rarement entendus pendant la journée.

Il y a probablement plus de controverses sur le statut du coyote dans ses relations avec les autres animaux que sur tout autre mammifère nord-américain aujourd'hui. La solution à cet argument peut être trouvée en faisant une promenade de 10 minutes à travers un peu de nature. Les êtres vivants, végétaux ou animaux, qui ne peuvent pas s'adapter aux conditions les plus changeantes présentées par un monde qui se meurt lentement doivent périr. Ceux qui survivent le font parce qu'ils ont une mission à remplir ; ils doivent donner et prendre de leur environnement. Pour moi, la capacité inégalée du coyote à résister aux campagnes de l'homme en vue de son extermination indique que cet animal doit être un enfant particulièrement favorisé de la nature. Certes, bon nombre des relations subtiles qu'il entretient avec ses associations n'ont jamais été pleinement explorées et d'autres n'ont pas été découvertes.

À la lumière des études récentes et grâce à l'influence d'excellents films documentaires en sa faveur, la place du coyote dans la nature est aujourd'hui de plus en plus connue du public. Il ne semble y avoir aucune raison valable pour que les gens, qui aiment en général les chiens, expriment leur indifférence à l'égard du sort de ce petit loup, qui n'est qu'un chien sauvage, dont la plupart des naturalistes s'accordent à dire qu'il est doté d'un degré plus élevé de ruse et d'intelligence indigène que celui de l'animal. la race domestique moyenne. En général, cette attitude semble provenir d'informations défavorables et généralement inexactes diffusées de bouche à oreille. Quelques heures passées à lire la littérature scientifique sur le coyote réfuteront bon nombre de ces contes populaires. Pour une lecture plus légère, essayez *The Voice of the Coyote de J. Frank Dobie* (Little, Brown & Co., Boston 1949) ou *Sierra Outpost* (Duell , Sloan & Pearce, 1941) de Lila Loftberg et David Malcolmson. Ces récits délicieux présentent le coyote tel qu'il est : l'une des créatures les plus importantes de la société animale.

coyote

Lorsque les premiers Blancs traversèrent les prairies occidentales, le coyote était principalement un animal des plaines. Ici, il vivait en marge des immenses troupeaux de bisons, s'aventurant rarement à tuer lui-même mais partageant avec les vautours les restes laissés par ceux des grands loups gris. Avec le petit gibier, il a eu plus de succès, réalisant de lourdes incursions dans la population de rongeurs et de lapins. À l'époque comme aujourd'hui, le coyote était également un charognard et aidait à débarrasser les plaines des carcasses d'animaux plus gros morts de causes naturelles. Lorsque les bisons et les loups furent pratiquement exterminés, le coyote « s'enfuit dans les collines » et on le rencontre désormais aussi fréquemment dans les hautes montagnes que partout ailleurs. Plus à l'ouest, dans les zones désertiques, l'histoire est à peu près la même. À mesure que la civilisation progressait, le coyote s'est obstinément retiré dans les collines jusqu'à ce que son « chant » se fasse entendre dans les plus hauts canyons. Sa taille moyenne et son goût omnivore sont des facteurs qui ont probablement beaucoup à voir avec son succès dans ce nouvel environnement.

À mi-chemin entre la taille du renard gris et du loup gris, le coyote est suffisamment grand pour maîtriser les gros lièvres, mais suffisamment agile pour attraper les petits rongeurs qui constituent une grande partie de son alimentation animale. Le reste est fourni par une longue liste d'autres petites créatures moins souvent rencontrées, notamment des oiseaux, des reptiles et des insectes. La part végétale de sa nourriture n'est pas moins variée. Les baies, les fruits à noyau, les fruits de cactus, diverses courges, certaines herbes et même de l'herbe sont consommés en quantité considérable, selon la saison et la disponibilité de la viande. Outre ce régime composé de ce que l'on pourrait appeler des aliments frais, le coyote consomme généralement des charognes. C'est la base de nombreuses accusations infondées contre l'espèce. Parce que les excréments sont parfois composés presque entièrement de poils de grands mammifères comme le cerf, le wapiti et le mouflon, on pense que le coyote tue ces animaux. Les enregistrements réels de tels événements sont rares ; le coyote n'est pas construit pour un si gros gibier. La nature a voulu que ce soit le domaine du loup gris. Si une telle prédation par les coyotes se produisait, un autre facteur rétablirait sans aucun doute l'équilibre d'ici peu. Les lois de la nature sont aussi précises que celles de la société humaine et bien plus sévèrement appliquées.

La vie de famille de ces créatures intelligentes est intéressante par ses variations. Il n'y aura pas deux paires qui suivront un modèle donné. En règle générale , les coyotes, comme les loups, s'accouplent pour la vie ; mais si l'un est tué, l'autre cherchera généralement un autre partenaire. La reproduction a lieu au début du printemps, suivie 60 à 65 jours plus tard par l' apparition d'une portée pouvant compter jusqu'à 11 petits. La tanière est généralement située au bout d'un terrier creusé dans un sol meuble, à proximité d'un point de vue dominant les environs. Plus rarement, la tanière est choisie dans une crevasse parmi les rochers, et on en a trouvé qui ne sont que des creux à l'abri d'arbustes surplombants. Au début de la vie des petits, le coyote mâle n'est pas autorisé à les approcher. Plus tard, lorsqu'ils sont en mesure de prendre de la nourriture solide, il apporte ses offrandes au voisinage et la femelle les porte aux petits. Jusqu'au moment où les chiots peuvent quitter la tanière, les deux parents sont extrêmement prudents dans leur approche de la zone. Ils arrivent généralement sous le vent afin de détecter la présence d'un intrus. Si un humain enquête de trop près, les chiots sont immédiatement déplacés vers un nouvel emplacement.

Lorsque les jeunes sont assez grands pour sortir de la tanière, une nouvelle phase de leur existence commence. Au début, ils jouent autour de l'entrée comme un groupe de chiots colley, s'arrêtant de temps en temps pour observer ce nouveau monde merveilleux avec de grands yeux. Bientôt, l'instinct d'errance s'affirme et ils commencent à faire de courtes sorties loin de la tanière. C'est le moment que les parents attendaient. Désormais, les jeunes peuvent être éloignés d'une zone qui devient chaque jour plus dangereuse. La famille peut désormais chasser en unité, initiant les jeunes au mode de vie du coyote, ou la mère peut disperser les petits le long du périmètre de son aire de répartition, leur apportant de la nourriture au fur et à mesure de ses rondes. Dans les deux cas, ils apprennent vite à se débrouiller seuls et, au printemps suivant, deviennent des animaux matures.

Contrairement à son plus grand parent, le loup gris, qui est un grand voyageur, le coyote établira une zone et s'y tiendra. Avec le temps, il en apprendra chaque mètre et remarquera les moindres changements. Ceci est d'une grande importance, non seulement pour échapper aux attentats contre sa vie, mais aussi pour remplir son estomac. Le rat des bois, qui se trouve peut-être ce soir au plus profond de sa forteresse de roches et de branches, restera dans les mémoires et sera à nouveau invoqué demain lorsqu'il sera peut-être en train de chercher des noix de pin. Le lapin à queue blanche, qui a atteint le tas de broussailles la nuit dernière, pourrait être intercepté en route cette nuit.

Plusieurs coyotes partagent souvent la même aire de répartition et chassent ensemble. Cela est particulièrement vrai pour un couple accouplé qui nourrit ses petits. Une telle combinaison est particulièrement efficace pour abattre des animaux tels que les lièvres et, plus rarement, les pronghorns. Ces créatures ont tendance à courir en cercle et les coyotes alternent pour chasser et se reposer jusqu'à ce que l'animal soit épuisé. Puis ils se rapprochent tous les deux pour le tuer. La chasse aux pronghorns est cependant pleine de dangers, surtout lorsque leurs petits sont petits. On sait que ces animaux aux sabots pointus poursuivent et tuent les coyotes.

Il faut espérer que la persécution incessante du coyote appartiendra bientôt au passé. L'espèce occupe une place importante dans l'écologie du Sud-Ouest et elle ne peut être supprimée sans affecter sérieusement le statut de ses associés. C'est une situation que déplore quiconque s'intéresse à l'histoire naturelle. Il est impensable que l'Occident perde cette espèce colorée, si liée à ses légendes et à son histoire.

Carcajou
Gulo luscus (latin : ayant à voir avec la gorge... borgne ; aveugle)

RÉPARTITION : Canada et hautes montagnes de Californie, de l'Utah, du Colorado et éventuellement du Nouveau-Mexique.

HABITAT : Près de la limite forestière dans les zones les plus reculées.

DESCRIPTION : Un gros animal (20 à 35 livres), de couleur foncée, ressemblant un peu à un petit ours par sa constitution. Longueur totale 36 à 41 pouces. Queue de 7 à 9 pouces. En coloration, le carcajou présente des variations, mais sans contrastes nets. Le dos est brun foncé, avec une teinte plus pâle sur le dessus de la tête. Les côtés du corps sont marqués de bandes jaunâtres ternes qui commencent au niveau des épaules et se rejoignent près de la racine de la queue. Les parties inférieures sont plus claires et généralement une « flamme » ou une tache blanche décore le devant de la poitrine. Les pattes sont courtes et exceptionnellement puissantes, les grands pieds sont armés de longues griffes couleur corne. Ceux-ci s'inscrivent de manière assez visible dans la trace qui, par ailleurs, ressemble un peu à celle d'un gros lynx roux. Les habitudes de reproduction du carcajou ne sont pas bien connues, mais on suppose que sa tanière est située parmi les rochers des talus. On estime que le nombre moyen de jeunes est de quatre ou moins. Ils naissent en début d'année.

Ce mammifère, le plus grand de la famille des belettes, ne sera probablement jamais vu par quiconque lira ces lignes, tant il est devenu rare aux États-Unis. Pourtant, parce qu'il s'agit d'un animal si notoire et si peu compris, et parce qu'il a été observé à plusieurs reprises dans l'Utah et le Colorado, et qu'il a longtemps été soupçonné d'être originaire du Nouveau-Mexique, il est inclus ici. Il serait en effet dommage pour un profane de voir cette créature célèbre et de ne pas se rendre compte de cette chance inhabituelle.

Le carcajou est un objet de peur et de répulsion non seulement pour l'homme blanc mais aussi pour l'Indien. Il semble être l'un des rares mammifères qui fait tout son possible pour créer la destruction et porte une puce sur son épaule envers tous les autres animaux qui interfèrent avec ses désirs. Il s'agit d'une créature mystérieuse dont nous ne connaîtrons probablement jamais complètement l'histoire de la vie à cette date tardive avant qu'elle ne disparaisse.

Lorsque les trappeurs de la Compagnie de la Baie d'Hudson envahirent la haute Amérique du Nord , ils trouvèrent les Indiens Objibwa vivant dans une sorte de trêve armée avec le carcajou. Ils l'appelaient « Carcajou », terme qui proviendrait du algonquin, et lui accordaient le respect dû à un esprit malveillant. J'ai oublié le nom Chippewa de l'animal, mais je me souviens bien qu'il était considéré comme un « windigo » ou un mauvais esprit. Les Esquimaux convoitaient sa fourrure pour garnir les capuches de leurs parkas. Les longs poils de garde protégeaient le visage de l'air âpre sans recueillir le givre, et le sous-poil ne recueillait pas la neige et le givre comme les autres fourrures.

carcajou

Le nom scientifique du carcajou est intéressant. *Gulo* , le terme latin pour gorge, fait sans aucun doute référence aux habitudes gourmandes de l'animal. *Luscus* , également latin, signifie borgne ou, comme le suggèrent certains auteurs, aveugle. Cela peut faire référence aux petits yeux, si profondément enfoncés qu'ils sont presque invisibles à une petite distance, ou peut remonter au premier carcajou emmené en Europe depuis la baie d'Hudson. On dit que ce spécimen avait perdu un œil, et son nom pourrait en être dérivé. Quoi qu'il en soit, le carcajou normal n'est ni borgne ni aveugle.

La vaste répartition du carcajou fournit un exemple admirable de ce que signifient les zones de vie. Cette même espèce vit à la limite des arbres dans les hautes montagnes des pays désertiques et se trouve également au niveau de la mer ou à proximité, loin au nord du cercle polaire arctique. Il est bien adapté à cet environnement, avec une fourrure exceptionnellement épaisse et lourde qui ne s'emmêle pas facilement avec la neige. De plus, pendant la saison des plus fortes chutes de neige, les bords des pieds et des orteils poussent des poils raides qui, en fait, font office de petites raquettes et permettent à l'animal de se déplacer avec moins d'effort.

Les habitudes alimentaires du carcajou sont loin d'être sélectives. De construction lourde et maladroite, il est peu probable que de nombreux gros gibiers deviennent la proie de ce chasseur maladroit. Cependant, il n'hésite pas à éloigner les plus gros prédateurs de leurs proies et à se les approprier. Dans ces moments-là, il mange autant qu'il peut, puis cache le reste pour de futurs repas. Il reviendra sur le site jusqu'à ce que les restes soient complètement dévorés, même s'ils se gâtent entre-temps. Ses proies naturelles comprennent les rongeurs qu'il peut sortir de ses terriers et les oiseaux nichant au sol qu'il rencontre au cours de ses voyages. On dit que c'est l'un des rares prédateurs efficaces du porc-épic. Voleur, prédateur et charognard, le carcajou parcourt ses habitats isolés, redouté aussi bien par les chasseurs que par les chassés.

Le carcajou est l'un des rares animaux qui semble prendre un malin plaisir à harceler les êtres humains. Bien que le vol des pièges puisse s'expliquer par la faim, le vol et la destruction des pièges eux-mêmes semblent être le résultat d'une planification délibérée et intelligente. Il en va de même pour les introductions par effraction dans des cabanes isolées, accompagnées du pillage de leur contenu. Ce qui ne peut être mangé est soit brisé et souillé, soit emporté et caché.

Martre
Martes americana (latin : une martre... Amérique)

AIRE DE RÉPARTITION : Amérique du Nord depuis l'Alaska jusqu'à la plus grande partie du Canada, de là à travers le nord-ouest, les États-Unis et le sud jusqu'en Californie, l'Utah, le Colorado et le Nouveau-Mexique.

HABITAT : Généralement des forêts de conifères de la zone biologique canadienne jusqu'à la zone alpine.

DESCRIPTION : Dans les arbres, cet animal est souvent confondu avec un gros écureuil. En y regardant de plus près, il ressemblera à un chat domestique avec une queue courte et touffue. Longueur totale 22 à 27 pouces. Queue de 7 à 9 pouces. Poids 2 à 4 livres. La coloration de la martre est distinctive. Le corps est beau, doux, jaune-brun, plus foncé sur le dos, les pattes et la queue. Sur la poitrine, la couleur s'éclaircit jusqu'à devenir chamois pâle ou parfois orange assez distinct. Les parties inférieures sont plus légères que le reste du corps. La fourrure est extrêmement fine et épaisse. Il se distingue par le fait qu'il est presque entièrement sous-poil, avec très peu de poils de garde. Le corps est extrêmement gracieux avec des jambes relativement longues et de petits pieds. La tête est petite avec des traits ressemblant quelque peu à ceux de la belette. Les oreilles sont grandes pour un membre de la famille des belettes et donnent une apparence alerte au visage. Cette vigilance est également confirmée par les mouvements vifs de cet animal, qui est le plus actif de ce groupe.

La martre, souvent appelée « martre des pins », est l'un des animaux les plus solitaires d'un groupe dont les membres voyagent habituellement seuls. Peut-être est-ce dû au fait que, dans cette famille de prédateurs, chaque espèce est pleinement capable de vaincre toute résistance opposée par ses proies habituelles, individuellement et non par la force du nombre. Peut-être aussi est-ce dû au fait que le groupe tout entier est constitué de mangeurs voraces qui, s'ils couraient en meute, ne pourraient pas rencontrer suffisamment de proies pour les nourrir tous adéquatement. Enfin, ce clan compte plusieurs espèces qui tuent instinctivement bien au-delà des besoins normaux. Il s'agit d'une pratique qui, presque sans exception, est réservée aux membres de la famille des belettes qui se nourrissent de rongeurs. C'est évidemment l'une des méthodes naturelles permettant de contrôler la population de rongeurs. Pour opérer avec la plus grande efficacité, ces tueurs doivent chasser seuls. Ces facteurs s'appliquent tous, dans une certaine mesure, à la martre. En conséquence, même si elles peuvent être nombreuses dans une zone, la martre est généralement trouvée seule, sauf pendant une brève période pendant la saison de reproduction ou dans le cas d'une femelle avec ses petits. Le mâle ne joue évidemment aucun rôle dans l'éducation de la famille.

La martre a toujours été plus ou moins abondante dans toute son aire de répartition, et il n'y a aucune raison de croire qu'elle ne continuera pas à être observée par des observateurs attentifs pendant de nombreuses années encore. Son habitat de prédilection se trouve parmi les conifères proches de la limite forestière. C'est aussi une zone d'éboulement, et la martre adore chasser les petits rongeurs qui y ont élu domicile. En effet, il partage son temps entre les deux environnements, chassant dans les talus pendant les mois d'été et se rendant dans les arbres en hiver lorsque les éboulements rocheux sont enfouis profondément sous la neige. C'est une créature extrêmement rustique qui ne se terre dans un nid d'écureuil ou de pic abandonné que pendant les courtes périodes de tempête, lorsque la chasse serait inutile. Comme on pouvait s'y attendre, son régime alimentaire estival et hivernal varie considérablement. Cependant, tous deux ont pour aliment de base l'écureuil du sapin, l' hôte important de la martre, et comme lui une créature robuste qui se déplace toute l'année.

L'alimentation estivale est très variée. Sur et dans le sol , il existe un nombre étonnant d'espèces qui sont interdites aux martres pendant l'hiver, certaines en raison de la protection que leur offrent les épaisses congères et d'autres parce qu'elles hibernent. Parmi eux se trouvent les pikas, les écureuils terrestres, les rats des bois, les tamias et de nombreuses espèces de souris. En été, la martre prend également des œufs et des petits d'oiseaux nichant au sol. Dans les arbres se trouvent d'autres nids, non exceptés ceux du pic, dans lesquels la martre insère sa patte antérieure et en sort non seulement avec les jeunes oiseaux, mais souvent aussi avec les adultes. Les martres sont connues pour manger de grandes quantités d'insectes plus gros et, comme elles sont friandes de fruits et de baies lorsqu'elles sont élevées en captivité, il ne fait aucun doute qu'elles s'adonnent à ces délices dans la nature.

Le régime hivernal se compose de l'écureuil de l'épinette, complété par d'autres petites créatures qui peuvent se trouver à l'étranger par temps froid. Même s'il semblerait que la martre pâtisse de la réduction de son somptueux menu d'été, c'est le contraire qui se produit. Ils restent gros et en bonne santé dans des conditions météorologiques qui gêneraient sérieusement la plupart des autres prédateurs. Cette capacité de survie est due dans une large mesure à la persévérance infatigable et à la grande habileté avec laquelle ils chassent. De plus, peu de créatures sont

dotées d'autant d'adaptations pour résister aux hivers longs et
froids.

martre

Il apparaîtra clairement, même à l'observateur occasionnel, que la
martre a évolué très précisément pour répondre aux conditions
glaciales imposées par son habitat boréal. Le long manteau d'hiver
aux poils fins est extrêmement chaud et ne s'emmêle pas avec la
neige ou le gel. Avec un tel revêtement isolé, n'importe quelle
bûche creuse ou nid de pic fera l'affaire comme lieu de repos. La
neige est le moindre des ennuis de la martre ; non seulement il
reste au chaud parmi les congères, mais il les traverse facilement
grâce à ses raquettes à poils « intégrées », qui gardent également
les coussinets des orteils au chaud. La trace hivernale d'une martre
est plutôt déroutante, car elle ne montre aucune marque précise
d'orteil, mais un contour flou dans la neige molle, et sur la neige
plus dure, il est à peine visible. Cependant, si l'on considère que
cet animal se déplace un peu comme une belette, c'est-à-dire qu'il

saute au lieu de marcher, les empreintes plus grandes serviront à l'identifier comme une martre.

Aussi intéressantes que puissent être les adaptations physiques de la martre, la réponse de son histoire biologique aux pressions d'un long hiver n'est pas moins fascinante. Comme cela a été souligné, la martre est un animal solitaire et plus ou moins nomade. Apparemment , la seule période de l'année propice à la reproduction est l'été, car c'est la seule période où les adultes des deux sexes se trouvent communément ensemble. Cela déclenche un cycle de reproduction qui, bien que pas trop rare, est suffisamment inhabituel pour susciter l'intérêt. Pour les informations suivantes, je suis redevable à James Campbell de Hope, Idaho, qui a capturé et élevé un grand nombre de ces animaux intéressants il y a des années, alors que les connaissances les concernant étaient relativement maigres.

Des pièges à boîtes étaient utilisés pour capturer la martre au milieu de l'hiver, lorsque la neige s'accumulait entre 15 et 25 pieds de profondeur le long des lignes de piégeage. C'était à une altitude allant jusqu'à 6 500 pieds dans l'enclave du nord de l'Idaho. Alors qu'un piège à ressort s'approchait, on pouvait entendre le captif indigné grogner son ressentiment et lutter pour s'échapper. Un sac de farine était placé autour de l'entrée et la porte s'ouvrait. La martre, prenant apparemment l'éclat blanc pour de la neige, sautait invariablement dans le sac. Une grande prudence était nécessaire à ce stade, car la martre était généralement mouillée de sueur à cause de ses luttes dans le piège, et si on la laissait refroidir, elle mourrait rapidement d'exposition. Le sac était placé parmi plusieurs autres et le paquet placé dans un sac à dos et transporté en bas de la montagne, où la martre était progressivement refroidie dans la maison, puis placée dans les enclos extérieurs. Ici, ils sont rapidement devenus si apprivoisés qu'ils acceptaient facilement la nourriture de la main, sans jamais devenir traîtres comme leurs cousins imprévisibles, le vison. Ils aimaient les fruits et les baies et étaient particulièrement friands de bonbons au chocolat.

Au début de l'aventure, on a observé que les femelles capturées en hiver donnaient naissance à des petits en avril. Une observation plus approfondie a révélé que la reproduction avait lieu du début juillet à la fin août, mais que quel que soit le moment où la reproduction était terminée, les petits naîtraient en avril. Cependant, les premiers signes de grossesse n'apparaîtraient qu'environ 50 jours avant la naissance des petits. Cela indique que, comme la plupart des chauves-souris hibernantes, la reproduction a lieu en une seule saison, mais les ovules fécondés restent au repos et ne commencent à se développer que lorsque les conditions sont propices à la naissance des petits. Cela garantit également l'arrivée des petits assez tôt dans la saison, afin qu'ils puissent entrer pleinement adultes dans l'hiver suivant. Le nombre de jeunes varie de trois à cinq, généralement le plus petit nombre.

Aucune description de la martre ne serait complète sans mentionner sa formidable vitalité. Dans les arbres, il est supérieur à l'écureuil, surtout dans les longs sauts arqués qu'il fait d'un perchoir élevé à un autre. En hiver, il saute souvent des arbres dans les congères molles, apparemment pour le simple plaisir de ce sport. Il n'est pas rare que les martres s'enfouissent dans les congères sur une certaine distance, apparemment à la recherche de rongeurs. J'ai découvert qu'une martre surprise dans la forêt n'a généralement pas trop peur de son ennemi juré, l'homme. Au début, il s'enfuira mais, s'il est poursuivi avec trop d'ardeur, il viendra aboyer sur un membre bas et fera une grande démonstration de sifflements et de grognements tout en découvrant ses dents blanches et acérées. Il n'est pas improbable que si on l'enfonçait davantage , il puisse attaquer son bourreau.

loutre de rivière
Lutra canadensis (latin : loutre... du Canada)

RÉPARTITION : La majeure partie de l'Amérique du Nord, jusqu'au centre de l'Arizona et du Nouveau-Mexique au sud-ouest, et au sud jusqu'au golfe du Mexique à l'est.

HABITAT : Le long et dans les cours d'eau et les lacs d'eau douce.

DESCRIPTION : Créature aux pattes courtes et aux lignes profilées, dotée d'une queue épaisse et effilée, généralement observée dans l'eau. Longueur totale 3 à 4 pieds. Queue de 12 à 17 pouces. Poids jusqu'à 20 livres. Couleur principalement brun foncé riche avec un éclat argenté sur les parties inférieures. La gorge et la poitrine sont plus légères que le reste du corps. La loutre est bien adaptée à la vie aquatique, avec un corps long et rond et des pattes courtes et musclées. Les quatre pieds sont palmés. La tête est longue et ronde, avec des oreilles courtes. Des moustaches longues et raides se détachent près du nez plutôt épais. La queue est épaisse à la base et le corps se rétrécit littéralement jusqu'à la queue, augmentant l'effet général de « torpille ».

loutre de rivière

La loutre, jamais abondante dans le Sud-Ouest, est devenue extrêmement rare ces dernières années. Cela est dû en grande partie à ses habitudes hautement spécialisées , associées à son incapacité à rivaliser avec l'homme dans l'utilisation des quelques cours d'eau douce et des lacs des montagnes désertiques. Pourtant, elle a été observée suffisamment souvent au cours de la dernière décennie pour justifier l'espoir qu'avec une gestion prudente et une protection complète, son nombre pourrait augmenter. C'est beaucoup à désirer car la loutre est unique à plusieurs égards parmi nos mammifères indigènes. Ce membre aux manières douces de la famille des belettes n'a pas bon nombre des habitudes féroces et assoiffées de sang de ses parents les plus féroces. Il est au contraire doux, voire ludique.

Parmi ces caractéristiques, la plus remarquable est l'habitude de la loutre de construire des toboggans. Il ne s'agit probablement que d'un raffinement de la façon dont les loutres se déplacent à travers les tules et les vasières glissantes, dans lesquelles elles passent une grande partie de leur temps à chasser les écrevisses et les petits amphibiens. Ce qui est remarquable à propos des toboggans, c'est qu'ils semblent avoir été construits dans un but précis, celui du sport, une activité qui est d'ordinaire l'une des moins importantes pour la plupart des mammifères. Dans les endroits meubles ou boueux, même dans la neige molle, la loutre glisse sur la poitrine, la tête haute et les pattes antérieures traînant le long du corps. La force motrice est fournie par les poussées des pattes postérieures. L'usure excessive des parties inférieures est réduite par de nombreux poils grossiers et serrés qui semblent avoir été développés dans ce but précis. Le toboggan lui-même n'est qu'une rainure étroite, de 12 à 20 pouces de large, qui s'étend sur une berge escarpée jusqu'au bord de l'eau. Le corps mouillé des loutres le rend lisse et glissant, et bientôt elles sont capables de l'abattre avec seulement un coup de pied occasionnel des pattes postérieures. Ce jeu fascinant peut durer des heures. La descente est souvent suivie d'un mouvement général dans le « trou de baignade ». Là, l'action est presque trop rapide pour que l'œil puisse la suivre, car peu de mammifères peuvent égaler la loutre en termes de grâce et de vitesse dans l'eau.

Aussi aquatique que soit la loutre, elle ne se soucie pas d'être toujours mouillée, ce qui conduit à une autre curieuse institution dans son mode de vie. Près du toboggan, et généralement à plusieurs autres endroits le long du cours d'eau fréquenté par une famille de ces charmantes créatures, on trouvera des zones de plusieurs pieds de diamètre, situées parmi les tules sèches ou dans les herbes hautes, où les animaux se roulent et se sèchent ainsi . . Ceux-ci semblent également être des centres d'information communautaires, car généralement à proximité de ces zones se trouvent les « poteaux » odorants, où les loutres déposent l'odeur des glandes communes à tous les membres de la famille des belettes. Chez les loutres, ces glandes ne sécrètent pas le parfum très puissant produit par celles des mouffettes et des visons. Néanmoins, il est suffisamment « bruyant » pour être identifié à la loutre.

Les tanières présentent un grand contraste en termes d'emplacement et de type. Ils sont généralement situés près de l'eau, mais on en a trouvé un à plus d'un demi-mille du ruisseau le plus proche. Par contre, une loutre occupera souvent le terrier abandonné d'un castor de rivage, et l'accès à cette demeure doit se faire par une entrée sous-marine. Dans de nombreux cas, la tanière n'est qu'un nid dans un épais bouquet de tules complètement entouré d'eau.

Les deux à quatre petits naissent au début du printemps. À la naissance, ils sont aveugles, édentés et étonnamment impuissants par rapport à leur développement six semaines plus tard. À cet âge, ils commencent à quitter la tanière et ne tardent pas à se sentir tout à fait à l'aise dans l'eau. Même si le mâle se trouve dans le voisinage, la femelle ne le laissera pas s'approcher des petits jusqu'à ce qu'ils soient à moitié adultes. À ce moment-là, la famille commencera à vivre ensemble jusqu'à ce que les jeunes soient pleinement capables de tracer leur propre voie.

Les loutres ont des goûts cosmopolites ; étant carnivores, ils s'attaquent à de nombreuses espèces. Le poisson est leur nourriture préférée et, dans la plupart des cas , ils capturent des espèces de poissons grossiers, généralement lentes et faciles à capturer. Ils sont cependant tout à fait capables de capturer la truite en cas de panne des autres approvisionnements. Les loutres en captivité ne se nourrissent pas uniquement de poissons, il est donc évident que le grand nombre d'autres petits animaux dont elles se nourrissent doivent être un complément nécessaire à leur régime alimentaire. Ceux-ci comprennent les écrevisses, les grenouilles, plusieurs espèces de petits mammifères, ainsi que les oiseaux et les œufs disponibles.

La présence de loutres dans une zone n'est pas difficile à détecter. Un toboggan, un « lieu de roulement » ou une trace caractéristique en forme de toile sont autant d'indications sûres que cet animal intéressant est un voisin. Cultivez sa connaissance si vous le pouvez. La loutre est aussi bien diurne que nocturne, et si vous avez la chance de voir cet animal heureux descendre son toboggan glissant, je suis sûr que vous en ressentirez autant de sensations fortes que lui.

Vison
Mustela vison (latin : belette... énergique, puissante)

RÉPARTITION : L'aire de répartition du vison est étonnamment similaire à celle de la loutre, c'est-à-dire qu'elle embrasse la majeure partie du nord de l'Amérique du Nord, s'étendant vers le sud jusqu'au sud-ouest des États-Unis à l'ouest et jusqu'au golfe du Mexique à l'est.

HABITAT : Cet animal semi-aquatique se trouve rarement loin des cours d'eau douce ou des étangs.

DESCRIPTION : Le vison est à peu près aussi long qu'un chat domestique moyen, mais son apparence est beaucoup plus profilée. Longueur totale pour les mâles de 20 à 26 pouces. Queue de 7 à 9 pouces. Poids jusqu'à 2¼ livres. Les femelles seront en moyenne près d'un tiers plus petites. La couleur est brun foncé sur la majeure partie du corps, passant au brun plus clair sur les côtés et s'assombrissant le long de la queue jusqu'à une pointe noire. Il y a généralement quelques taches blanches irrégulières sur la poitrine et le ventre. Le corps est long et rond, se rétrécissant vers le long cou rond. La tête est petite avec un visage plutôt triangulaire, de petites oreilles et des yeux sombres et perçants. Les pattes sont courtes et, comme on peut s'y attendre chez un animal aquatique, les pieds sont palmés, mais dans ce cas, seules la base des orteils sont reliées par les toiles. Le sous-poil est épais et fin, les poils de garde grossiers et remarquablement brillants. Le vison peut porter jusqu'à 10 petits, mais la moyenne est d'environ 5. Les tanières se trouvent généralement dans un terrier, qui peut ou non avoir une entrée sous-marine.

La présence du vison dans une zone donnée est généralement assez facile à déterminer en repérant les bancs de sable et les vasières le long du bord de l'eau. Les traces sont assez distinctives, surtout dans la boue plus molle, car ici l'animal écarte les orteils pour éviter de couler et, par endroits, les contours des orteils partiellement palmés deviennent clairement apparents. Dans la plupart des cas, si les traces sont perceptibles, les marques des griffes sont visibles. La présence de visons loin de l'eau ne peut pas être considérée comme normale, car cette créature se classe au deuxième rang, derrière la loutre, parmi les carnivores du sud-ouest, en termes de préférence pour la vie aquatique. Des exceptions se produisent cependant ; des visons ont été rencontrés traversant des chaînes de montagnes où ils peuvent se trouver à plusieurs kilomètres du cours d'eau le plus proche. On pense que ces cas peu fréquents pourraient être des migrations en provenance de zones défavorables, ou qu'un tel voyage pourrait être entrepris à la recherche d'un partenaire.

Une grande partie de la dépendance du vison à l'eau provient de son alimentation. Certains de ses aliments préférés sont le poisson, les écrevisses et les grenouilles, dont aucun n'est plus habile dans l'eau que le vison. Les autres produits alimentaires, pris chaque fois que les circonstances le permettent, sont les oiseaux, les œufs et les rongeurs. Il est intéressant de noter que le rat musqué n'est pas à la hauteur du vison agile et que l'arrivée d'un de ces féroces carnivores dans une zone a entraîné l'extermination de toute une colonie de rats musqués. Les lapins à queue blanche sont également incapables de faire face aux tactiques du vison, bien que leurs propensions à la reproduction maintiennent généralement leur nombre bien en avance sur de telles incursions. Même avec cette grande variété de proies et son talent pour la chasse, le vison est si vorace que dans certaines régions, on estime que 100 acres suffisent à peine pour nourrir un adulte. La chasse continuelle pour se nourrir peut être la motivation d'une autre habitude intéressante du vison que l'on trouve rarement parmi les autres carnivores.

De nombreuses bêtes de proie cachent ou enterrent une proie et y reviennent plus tard pour plusieurs repas supplémentaires. C'est d'ailleurs ce que fait le carcajou, un proche parent du vison. Cependant, le vison collecte en réalité une réserve considérable de nourriture pendant les périodes de bonne chasse et la cache en cas de besoin. Les caches sont souvent constituées d'animaux plus gros, tels que des rats musqués et des canards, soigneusement rangés sous une berge en surplomb. Étant donné que ces magasins sont très périssables, il s'agit principalement d'une pratique par temps froid. Le vison n'est normalement pas un mangeur de charognes.

Une caractéristique de la famille des belettes est la présence de glandes anales qui sécrètent un liquide à l'odeur puissante. Les mouffettes sont les plus connues à cet égard. À mon avis, le vison et la belette dégagent tous deux une odeur qui, en comparaison, rend celle de la mouffette « presque agréable ». Le seul point positif dans leur cas est que l'odeur s'évapore rapidement, tandis que celle dégagée par les mouffettes conserve sa force pendant longtemps et retrouve une grande partie de sa puissance d'origine à chaque pluie. Comme les mouffettes, ces animaux utilisent l'odeur désagréable comme arme défensive. Il a sans doute aussi d'autres usages, comme celui d'identifier l'individu et son territoire aux autres animaux de la même espèce.

En considérant la famille des belettes en tant que groupe, il devient évident qu'il existe un assez grand nombre d'espèces, toutes étroitement apparentées, mais ayant des habitudes très divergentes. Par exemple, la martre est aussi à l'aise dans les arbres que l'écureuil ; la loutre peut facilement attraper du poisson ; et le blaireau est capable de creuser mieux que les spermophiles et passe une grande partie de sa vie sous terre. De la même manière, le groupe varie considérablement en termes de tempérament. À une extrémité de l'échelle se trouve le carcajou, hargneux et provocant ; de l'autre, la martre et la loutre, joueuses et même affectueuses. Le vison peut être classé comme nerveux et irritable. Il semble y avoir dans son tempérament une véritable soif de sang. Lorsque l'humeur est au rendez-vous, il continuera à tuer même lorsqu'un humain est à proximité. J'ai vu un vison continuer à abattre un troupeau de canards alors même que j'essayais de le chasser. Un vison acculé est une créature avec laquelle il faut compter ; il y a peu d'animaux de sa taille qui soient aussi courageux.

vison

Comme on pouvait s'en douter, ces créatures extrêmement féroces font de pauvres parents. Les femelles abandonnent parfois les petits alors qu'ils sont encore trop petits pour se frayer un chemin. Mais ce n'est après tout qu'une critique humaine. Qui peut condamner un animal que la nature a permis d'exister dans des conditions qui auraient éliminé une espèce plus amicale ?

Belette à queue courte (hermine)
Mustela erminea **(latin : belette... de l'hermine à fourrure)**

AIRE DE RÉPARTITION : Du nord du Groenland au nord des États-Unis, avec une extension au sud jusqu'à l'Utah, le Colorado et le Nouveau-Mexique. À prévoir dans le nord de l'Arizona.

HABITAT : Généralement trouvé dans les forêts de la zone de vie de transition et supérieures. On le trouvera souvent dans la zone arctique.

DESCRIPTION : Un petit prédateur au corps long et aux pattes courtes. Longueur totale de 7 à 13 pouces. Queue de 2 à 4 pouces. Poids 1½ à 3 ⅔ onces. Ce large éventail de statistiques résulte de la comparaison des femelles les plus petites avec les mâles les plus grands. Les mâles sont systématiquement en moyenne d'un cinquième à un quart plus grands que les femelles. La couleur estivale est brun foncé avec le dessous et les pieds blancs. Il y a une ligne blanche à l'intérieur des pattes postérieures reliant le blanc des pieds à celui du ventre. Le bout de la queue est noir. Le pelage d'hiver est entièrement blanc à l'exception du bout noir de la queue. Le corps est long et souple, les pattes sont courtes, le cou long et rond. La tête est petite avec des yeux sombres plutôt grands et exorbités. Les oreilles sont grandes pour une créature de cette taille. Les tanières de reproduction sont généralement situées dans le sol, sous de gros rochers ou parmi les racines sous un arbre. On estime que le nombre moyen de jeunes est d'environ quatre.

J'ai une affection particulière pour ce petit prédateur qui, grâce à son intrépidité, m'a donné de nombreux aperçus de sa vie privée, ce qui n'aurait pas été possible dans le cas d'un animal plus grand ou plus timide . Ne sous-estimons pas le courage de ce petit mustélidé qui, s'il est laissé seul, poursuivra ses activités normales même sous la surveillance étroite d'un observateur, mais s'il est agressé, il se retournera souvent contre son bourreau avec une fureur égalée par peu de grands animaux. Elle partage ces caractéristiques avec deux autres parents des États-Unis : la belette à longue queue (*Mustela frenata*), que l'on trouve également dans le sud-ouest, et la belette la plus petite (*Mustela rixosa*), qui habite une partie du nord des États-Unis, du Canada et Alaska. La belette à queue courte ne sera confondue avec aucune des autres espèces, puisque la belette la plus petite n'a pas de pointe noire sur la queue et la belette à longue queue a une queue environ un tiers de la longueur de son corps. La queue de la belette à queue courte ne mesure qu'environ un quart de la longueur de son corps, et cette espèce est considérablement plus petite que la belette à longue queue.

Les belettes à queue courte sont les plus petites carnivores du sud-ouest. En fait, à l'exception de la moindre belette, ce sont les plus petites du continent nord-américain. Malgré sa taille, *Mustela erminea* est si rustique qu'elle s'étend jusqu'au point le plus septentrional de l'hémisphère nord. Cette côte nord du Groenland n'est qu'à quelques degrés du pôle Nord. La forme européenne, non spécifiquement distincte de la nôtre, est tout aussi rustique. Lui aussi habite non seulement les zones les plus tempérées, mais pénètre aussi loin au nord du cercle polaire arctique partout où se trouvent des terres. Dans notre sud-ouest, on les rencontre parfois à basse altitude mais plus souvent dans les hautes montagnes. Ici, ils subissent le changement de couleur hivernal, mais pas aussi régulièrement ni aussi complètement que dans le Grand Nord.

Le terme « hermine » fait référence au pelage hivernal de cet animal. Il s'agit de l'hermine royale, réservée autrefois à l'usage de l'aristocratie. À son meilleur, cette fourrure est d'un blanc impeccable, à l'exception du bout de la queue noir très contrasté. En héraldique, le blanc pur avait une signification symbolique, mais pour la belette, il a des usages plus banals. Ceux-ci servent de camouflage, à la fois pour poursuivre des proies et pour éviter les attaques des ennemis. Dans l'extrême nord, ce changement saisonnier de tenue vestimentaire est obligatoire et complet, mais dans le climat doux (en comparaison) de nos montagnes du sud-ouest , la situation est quelque peu modifiée. Ici, la créature peut descendre à des altitudes plus basses à l'approche de l'hiver et, si elle le souhaite, échapper à la plupart des intempéries. Dans des conditions qui sont dans une certaine mesure laissées au choix, le degré de changement de couleur varie considérablement. Dans les zones enneigées des sommets plus élevés , elle se transformera en véritable hermine ; plus bas, il deviendra probablement jaune clair, et sous la limite des neiges, l'animal conservera le même brun dessus et blanc dessous qu'il porte tout l'été.

belette à queue courte

Comme la plupart des autres membres de la famille des belettes, ces petits mustélidés sont admirablement adaptés pour jouer leur rôle dans la nature. Leur taille leur permet d'entrer dans les maisons de tous les rongeurs, sauf les plus petits. Leur force et leur souplesse alliées à leur férocité leur permettent de maîtriser des animaux plusieurs fois plus gros. Étonnamment, bien qu'ils soient capables de grimper, ils ne mangent pas beaucoup d'oiseaux. La plupart de leurs proies sont des rongeurs. Les petites souris semblent être préférées, bien que les tamias, les écureuils terrestres et les rats des bois soient également capturés. Les pikas et les petits lapins sont la proie de ces puissants acariens, et de nombreux cas de serpents tués par eux ont été enregistrés. Comme le vison, les belettes à queue courte rassemblent une réserve de nourriture lorsque la chasse est bonne. Compte tenu de leur taille, ils ont un appétit formidable ; on estime qu'une personne consomme la moitié de son propre poids en nourriture toutes les 24 heures. De là, on voit qu'ils ne peuvent vivre que dans une zone où les rongeurs sont abondants et qu'ils jouent un rôle important dans le contrôle de ces créatures.

J'ai eu le privilège de voir cette belette à plusieurs reprises et dans diverses circonstances. Dans toutes ces rencontres, il est apparu évident qu'au début l'animal acceptait l'intrusion de l'homme non pas tant comme un ennemi que comme un concurrent. Dans ces conditions, il poursuivra ses activités et accordera très peu d'attention à l'intrus. Cependant, si une action hostile est entreprise à son encontre, la belette s'échappera si possible. S'il est acculé, il se défendra sauvagement et, en dernier recours, aspergera son attaquant du contenu nauséabond de la glande anale. Moins durable que le parfum de la mouffette, cette brume odorante est presque aussi efficace tant qu'elle dure. Il est préférable de rester à l'écart et de regarder le petit prédateur faire son travail !

Si vous avez la chance de vous trouver dans une zone où une prairie de fauche est irriguée, vous verrez les campagnols des prés (souris des prés) être inondés hors de leurs maisons. Une observation attentive peut révéler une ou plusieurs belettes à queue courte qui font des ravages parmi ces malheureux réfugiés. Il se peut même que vous trouviez une cache cachée en cette période de bonne chasse. Ne plaignez pas les campagnols et ne méprisez pas la belette ; tous deux n'accomplissent leur destin que selon un plan séculaire.

Mouffette tachetée
Spilogale gracilis (grec : spilos , tache et coup de vent, belette... gracilis , latin : élancé)

RÉPARTITION : Cette espèce, avec plusieurs sous-espèces, est la mouffette tachetée commune du Sud-Ouest. Sa répartition est « inégale » sur l'ensemble de la zone de quatre États concernée par ce livre.

HABITAT : Commun dans la plupart des situations offrant un environnement approprié depuis le niveau de la mer jusqu'à une altitude d'environ 8 000 pieds. Rarement rencontré au-dessus de la limite forestière. Ces mouffettes vivent normalement dans des terriers creusés dans le sol, mais n'hésitent pas à s'installer sous les bâtiments ou dans les murs ou les greniers des maisons à ossature.

DESCRIPTION : Un petit animal nocturne, noir et blanc, de la taille d'un écureuil gris moyen. Longueur totale environ 16 pouces, dont 6 pouces sont occupés par la queue. Une description du motif de couleur serait de l'appeler marbré. La tête présente généralement une tache blanche proéminente entre les yeux, avec plusieurs taches plus petites sur les côtés du visage. Les membres antérieurs sont marqués de quatre bandes blanches latérales irrégulières qui atteignent le milieu du corps. Le croupion est diversement tacheté de blanc. Queue très touffue et environ à moitié blanche et à moitié noire. Yeux de couleur foncée, oreilles petites. Pieds petits mais plantigrades comme chez les plus grandes espèces de mouffettes. Jeune numéro trois à six, né au début de l'été.

Bien que ce petit animal présente une légère lourdeur au niveau de l'arrière-train, qui rappelle les mouffettes plus grandes, il ressemble en effet, comme le suggèrent les noms génériques et spécifiques, beaucoup plus à une belette. Cette impression est renforcée par ses mouvements rapides et son attention aux détails que ses plus grands parents remarqueraient à peine . Il lui manque cependant le caractère sauvage et féroce des belettes et devient un visiteur nocturne charmant et confiant s'il est correctement encouragé. Rappelez-vous cependant que cette relation ne peut être rien de plus qu'une trêve armée, et que si les articles de conduite formelle sont violés, elle peut être résiliée à tout moment.

Il est probable qu'aucun mammifère nocturne dans le sud-ouest ne soit plus susceptible d'être rencontré que cette petite mouffette. Combien de mes lecteurs se souviennent d'être passés d'un sommeil inquiet au murmure sifflant de « il y a quelque chose dans la tente ». Tandis que les yeux s'efforcent de percer l'obscurité, de légers crépitements sur le sol et des grattements urgents sur la boîte à nourriture indiquent qu'il y a effectivement « quelque chose dans la tente ». En se retournant avec le plus grand soin, pendant que les articulations du lit se plaignent bruyamment, la lampe de poche sous l'oreiller est enfin dégagée. La créature a sûrement été effrayée, mais non, les cliquetis continuent – dans la vaisselle maintenant. Le faisceau blanc brillant poignarde dans cette direction. Les yeux rouges le regardent, intéressés peut-être, mais sans peur. La boule arrondie de peluches noires et blanches attend immobile pour voir si un mal est prévu. Lorsqu'aucune offre n'est proposée, Son Altesse se dirige vers la porte et s'éloigne dans l'obscurité enveloppante. Le matin, de minuscules traces d'écureuil dans la poussière indiquent que *Spilogale* a effectué une visite nocturne. Ceux-ci, et peut-être le contenu manquant dans les contenants de beurre et de graisse de bacon, car ce petit animal adore les graisses animales. Ce sont ces aliments qui attirent ces animaux dans les campings en si grand nombre qu'ils deviennent souvent une nuisance.

Dans la nature, les mouffettes tachetées se nourrissent en grande partie d'insectes. Ceux-ci sont capturés non seulement sous forme adulte, mais aussi en grand nombre au stade larvaire, comme le montrent les débris bien vannés sous les touffes de cactus et autour de la base des arbustes et des arbres. Lors de ces recherches d' insectes, de petites proies d'autres espèces sont capturées lorsque les circonstances le permettent. Les vers et les scorpions ainsi que les petits rongeurs ne sont pas refusés. Plus rarement, un oiseau nichant au sol peut être dérangé et ses œufs ou ses petits capturés. Dans les communautés rurales , les nids de poules sont parfois également attaqués, mais dans l'ensemble, la mouffette tachetée doit être considérée comme bénéfique, la lutte contre les sauterelles et les coléoptères étant sa fonction principale.

Comme la plupart des prédateurs, ce membre de la famille des belettes a peu d'ennemis naturels. Cela n'est pas surprenant ; peu d'animaux prennent volontiers le risque d'attaquer ce vaillant petit guerrier, qui fait parfois le poirier pour mieux pulvériser ses ennemis. Ces tactiques ne servent à rien contre les monstres d'acier qui se précipitent sur nos autoroutes en pleine nuit. En l'espace de 50 ans, l'automobile est devenue l'ennemi le plus efficace de la mouffette tachetée. Pourtant, même dans la mort sur l'autoroute, la mouffette a sa revanche. Rares sont ceux qui passeront plusieurs jours devant cet endroit sans rendre involontairement hommage à cet héritage malodorant.

Mouffette rayée
Mephitis mephitis **(latin : une expiration pestilentielle)**

AIRE DE RÉPARTITION : La moitié sud du Canada, l'ensemble des États-Unis et la moitié nord du Mexique.

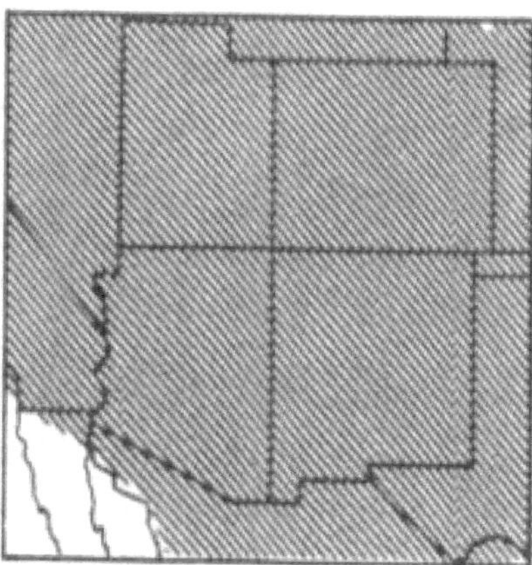

HABITAT : Toutes les zones de vie jusqu'à la limite forestière dans des endroits disposant d'un approvisionnement alimentaire suffisant et d'une couverture adéquate.

DESCRIPTION : C'est le « minou des bois », abordé avec respect par tous sauf les plus naïfs . De la taille d'un chat domestique. Longueur totale 22 à 30 pouces. Queue de 8 à 15 pouces. Poids 6 à 10 livres. La couleur du corps est noire, avec une queue noire à l'exception de la pointe, qui est généralement blanche. Il y a généralement deux bandes blanches sur le dos se rejoignant en « V » à l'arrière de la tête et une bande blanche sur le devant du visage. La tête est petite avec un nez plutôt pointu, de petits yeux noirs et de petites oreilles. Les pattes antérieures sont courtes et les petits pieds sont terminés par de grosses griffes. Les pattes postérieures sont plus longues et une plus grande partie des grandes pattes postérieures touchent le sol. La queue est assez longue et extrêmement touffue. Il est transporté dans une courbe descendante lors du voyage ; si son propriétaire est surpris ou en colère, il est tenu droit avec les poils évasés. Les tanières de la mouffette rayée se trouvent généralement dans un terrier souterrain, mais des tanières dans des rondins creux ont été observées. Le nombre habituel de jeunes est en moyenne de quatre à six. La famille reste ensemble pendant la majeure partie d'un an avant que les jeunes ne partent suivre leur propre chemin.

Il existe quatre espèces de mouffettes dans le sud-ouest, mais l'observateur des hautes terres n'en verra que deux. Ce sont les rayés et les tachetés. Elles se distinguent par deux caractéristiques : premièrement, la mouffette rayée est facilement deux fois plus grande que la mouffette tachetée ; et, deuxièmement, l'animal tacheté a un motif de rayures brisées et de taches blanches, tandis que l'animal plus grand a des rayures blanches nettement longues et continues le long des côtés ou du dos. Les deux espèces ont la même méthode de défense, mais l'odeur de la petite mouffette serait un peu moins piquante et se dissiperait plus tôt que celle de la mouffette rayée. Pour le destinataire de l'un ou l'autre barrage, cela apporte la même consolation que s'il avait le choix entre être touché par la bombe H ou par la bombe A. En cas de grève directe , cela ne fait guère de différence.

Si le lecteur est impliqué dans une rencontre avec l'une de ces créatures malodorantes, il existe de nombreux remèdes prescrits, mais peu apportent un grand soulagement. Si la peau est lavée avec une solution faible d'acide telle que du jus de citron ou de tomate, puis soigneusement frottée avec de l'eau et du savon, une grande partie de l'odeur disparaîtra. Les vêtements peuvent recevoir le même traitement, mais il est généralement moins cher et plus facile de les brûler et de facturer le coût à l'expérience. Grand-père disait d'enterrer les vêtements parfumés dans de la terre humide. Peut-être qu'avec le temps, cela fera l'affaire ; Je prétends qu'il vaut mieux les laisser là.

Il existe tellement de désinformation sur le mécanisme défensif de la mouffette et la manière dont il est utilisé qu'une brève explication n'est peut- être pas superflue. Le parfum est un fluide stocké dans deux glandes situées près de la base de la queue. Ces glandes sont intégrées dans une masse de muscle contractile et chacune possède un conduit qui se connecte à une petite buse de pulvérisation qui peut dépasser de l'anus. Lorsqu'un danger menace, la queue est levée, les buses pointées sur l'ennemi et la contraction des muscles autour des glandes fait sortir un jet de fines gouttelettes qui peuvent s'étendre jusqu'à 15 pieds. Le résultat est généralement efficace et durable. Contrairement à la croyance populaire, l'odeur est pénible aussi bien pour la mouffette que pour son ennemi. La queue est gardée à l'écart si possible, car ses profondeurs plumeuses retiendraient l'odeur pendant longtemps.

mouffette rayée

Les mouffettes de différentes espèces utiliseront cette arme défensive les unes contre les autres. On ne sait pas si les individus de la même espèce l'utilisent dans leurs combats ensemble. Dans les situations impliquant des humains, la mouffette essaiera de bluffer l'ennemi si possible. Cela consiste à taper du pied avant, à effectuer de courtes courses sur l'intrus, et enfin à hisser la queue et à pointer les « canons ». Si l'on s'approche délibérément d'une mouffette et si l'on évite les mouvements rapides, il est surprenant de voir quelles libertés peuvent être prises avant qu'elle ait recours à l'odorat. En revanche, s'il est pris par surprise ou s'il est physiquement blessé, les représailles sont rapides et certaines. Dans tous les cas où des mouffettes sont rencontrées à bout portant, rappelons que ce petit animal est l'une des créatures les plus indépendantes de la planète, que cette nonchalance vient d'une confiance suprême dans ses pouvoirs défensifs, et que s'il est laissé seul ou du moins traité avec considération il repartira dès que possible.

Cette attitude indépendante inhérente à toutes les mouffettes a probablement beaucoup à voir avec la vie insouciante que mène la jeune famille. Vers le milieu de l'été, lorsque les jeunes sont en mesure de quitter le terrier, la mère les emmène souvent se promener en début d'après-midi. Pendant qu'elle marche, inconscients du danger, les jeunes jouent derrière elle, parfois une boule de petits corps en difficulté avec de temps en temps une queue pelucheuse qui se libère et encore une fois tous en désaccord dans une simulation de férocité avec des pieds avant piétinant et des queues évasées tenues. en haut. Lorsque la mère patiente trouve une friandise sur la piste, il y a une ruée concertée vers le prix, qui est rarement gagné sans lutte. Tout cela est un excellent entraînement pour le moment où ils seront seuls. C'est à ce jeune âge que les jeunes apprennent pour la première fois à attraper des insectes, éléments de grande importance dans l'alimentation de la mouffette. Plus tard, les grenouilles et les petits mammifères seront également des proies.

La mouffette rayée est généralement considérée comme un animal hibernant. Ce n'est pas strictement vrai car, même s'il peut rester inactif dans sa tanière pendant des semaines, les processus corporels ne ralentissent pas autant que cela est courant lors d'une véritable hibernation. La mouffette consomme une quantité considérable de graisse chaque automne en prévision de cette période de l'hiver où la nourriture est rare. Cependant, la retraite réelle dans une tanière, même pour quelques jours, est rare dans le sud-ouest. La douceur du climat rend cette pratique inutile, sauf dans la partie la plus élevée de leur habitat.

Ours noir
Euarctos americanus (latin : un ours... d'Amérique)

RÉPARTITION : À l'heure actuelle, l'aire de répartition de l'ours noir aux États-Unis est confinée à une étroite bande adjacente aux côtes de l'Atlantique et du Pacifique, à quelques États du sud-est, à une bande étroite dans la région des Grands Lacs et à la chaîne des Rocheuses. .

HABITAT : Au sud-ouest, les plus hautes montagnes principalement dans la zone de vie de transition et au-dessus.

DESCRIPTION : L'ours noir n'a pas besoin d'être décrit car à travers les images et la réputation, il est devenu bien connu de presque tout le monde. Il mesure en moyenne 5 à 6 pieds de longueur totale avec une queue si courte qu'elle est sans conséquence. La hauteur aux épaules est de 2 à 3 pieds. Poids 200 à 400 livres. La couleur varie dans le sud-ouest, du noir profond et brillant au brun jusqu'à la cannelle claire. Dans toutes les phases de couleur, le nez est brun presque jusqu'aux yeux et il y a généralement une « flamme » blanche sur la poitrine. Les pattes sont courtes et musclées. Les pieds sont plantigrades, c'est-à-dire que l'ours marche sur tout le pied, pas seulement sur les orteils. Il y a de grosses griffes sur les quatre pattes. La tête proprement dite est plutôt ronde, le museau long et pointu. Les oreilles sont relativement petites, tout comme les yeux foncés. Les jeunes sont au nombre de un à quatre, les jumeaux étant très courants. Ils naissent alors que la mère est encore dans ses quartiers d'hiver. Lorsque le temps se modère au point où elle peut partir, les petits sont suffisamment grands pour la suivre.

Les ours sont probablement les créatures sauvages les plus populaires auprès de ceux qui visitent les zones du National Park Service. Il est difficile de dire pourquoi. Cela remonte peut-être au conte de la petite enfance des trois ours, familier à nous tous depuis l'époque où nous étions capables de marcher. Cela vient peut-être aussi de la familiarité avec laquelle ces bandits de la route saluent le touriste dans l'espoir d'une aumône. Quoi qu'il en soit, ces clowns apparemment amicaux sont devenus chers au cœur du public américain. C'est regrettable, car dans les zones du Park Service, ces grands carnivores sont les animaux les plus dangereux de tous. L'intelligence indigène indique aux ours qu'il est possible d'obtenir de la nourriture simplement en se tenant debout le long de la route lorsqu'une voiture s'arrête. Des routines plus compliquées sont rapidement apprises pour obtenir des documents plus gros et de meilleure qualité. À ce niveau professionnel, une récompense substantielle est attendue lorsque Bruin a « chanté pour son souper », et si aucune n'est reçue, des problèmes risquent de s'ensuivre. Ce n'est cependant qu'un ennui mineur pour un ours, comparé à certaines des indignités infligées à ces grandes créatures par un public irréfléchi. Il faut dire en toute honnêteté que quiconque taquine un ours mérite tout ce qui lui est donné en retour. Il est regrettable que les représailles puissent prendre la forme de blessures graves, voire de la mort. Bien que cela s'applique principalement aux ours à moitié apprivoisés qui errent le long des routes de nos parcs nationaux, il est de bon sens d'éviter les incidents avec n'importe quel ours, quel que soit le lieu où il se trouve. Cela est particulièrement vrai d'une vieille femelle avec ses petits, une combinaison presque irrésistible pour le vacancier moyen muni d'un appareil photo.

Dans les régions plus reculées, où les ours n'ont pas eu de contact avec l'homme, ils se méfient jusqu'à la timidité. Dotés d'un sens aigu de l'ouïe et de l'odorat qui compense leur mauvaise vue, ils sont difficiles à approcher. Comme la plupart des animaux, ils savent instinctivement qu'en « gelant », ils peuvent dans la plupart des cas éviter d'être vus. Le pelage brûlé par le soleil de la phase brune de l'ours noir est particulièrement difficile à repérer dans les sous-bois. Cependant, avec de la patience et à l'aide de jumelles, il ne devrait pas être trop difficile d'avoir un aperçu de la vie privée de ces créatures attachantes.

ours noir

Bien que les ours, en raison de leur dentition, soient classés comme carnivores, il serait plus juste de les qualifier d'omnivores. Il est de notoriété publique que l'ours noir mange presque tout, qu'il soit animal ou végétal. Néanmoins, son appétit est prodigieux et n'exige que peu de variété, si seulement quelques types d'aliments sont disponibles. Son statut de prédateur est quelque peu confus. Techniquement parlant, puisque l'ours noir se nourrit d'écureuils terrestres, de souris et d'autres petits rongeurs, il devrait être classé parmi les prédateurs. Il capture également des jeunes cerfs et des wapitis chaque fois qu'il le peut, mais ces opportunités se présentent rarement. En réalité , cet ours a peu d'influence directe sur ses voisins mammifères. En tant que charognard, il a une valeur considérable pour nettoyer les restes des victimes d'autres prédateurs.

Certains des petits animaux mangés contrastent de manière presque amusante avec la taille énorme de leur ennemi. Par exemple, la plupart des ours lèchent avidement les fourmis et déchirent littéralement les vieilles bûches pour obtenir ces morceaux savoureux. Les larves sont un autre petit objet qui peut être trouvé autour des bûches tombées et sous les pierres. Les ours sont extrêmement friands de miel et feront de grands efforts pour obtenir ce mets délicat, qu'ils mangent avec les rayons, les abeilles et tout le reste. Un autre aliment qui semble inhabituel est le poisson. Au moment du frai, un ours se dirige vers un ruisseau et attrape un poisson qui passe sur ses longues griffes ou le retourne sur la rive où il est plus facilement maîtrisé. Enfin, leur régime alimentaire naturel est considérablement enrichi dans la plupart des zones de service des parcs par les restes et les os qu'ils ramassent dans les tas d'ordures. Ils peuvent devenir une grande nuisance dans les zones de camping où, à la faveur de l'obscurité, leur ingéniosité et leur grande force leur permettent de voler de nombreux jambons et tranches de bacon.

Aussi vaste que puisse paraître cette variété d'aliments pour animaux, elle ne peut égaler les goûts cosmopolites de ces ours dans un régime végétal. Les racines et les bulbes de nombreuses espèces sont déterrés. L'herbe et les brouts sont consommés pendant plusieurs saisons de l'année ; même les aiguilles de pin auraient été mangées. Le penchant des ours pour les baies de toutes sortes est bien connu. *Arctostaphylos* , le nom générique de la manzanitas, traduit du grec signifie « raisin d'ours ». Les noix de pin, les glands, les cerises de Virginie et autres fruits à noyau sont tous récoltés en saison. Ces animaux lourds endommagent souvent gravement les arbres dans leur recherche de fruits. Sur les tas d'ordures, écorces et graines de pastèque, épluchures de toutes sortes, légumes-feuilles et épis de maïs complètent le menu. Toutes les boîtes de conserve sont léchées et, dans de nombreux cas, le papier gras et les emballages en cellophane sont mangés.

Le cycle annuel de la vie d'un ours est une étude de contrastes. Une grande partie de la partie chaude de l'année est consacrée à la recherche de nourriture pour constituer une réserve de graisse afin de pouvoir passer l'hiver dans l'inactivité. Les ours hibernent ou, plus exactement, se retirent pendant plusieurs mois de l'hiver. Ils ne tombent pas dans le sommeil profond que se livrent certains rongeurs. Leur sommeil est agité, entrecoupé de périodes de léthargie lorsqu'ils sont éveillés mais évitent toute activité. Ils conservent ainsi suffisamment de leur épaisse couche de graisse pour survivre au froid et ressortir au début du printemps avec une réserve considérable.

L'hibernation a lieu à la fin de l'automne, généralement après les premières neiges légères. De toute évidence, les animaux ont déjà localisé une tanière, car lorsqu'ils ressentent le besoin de se retirer , ils s'y rendent à travers le pays. Les mêmes quartiers d'hiver seront souvent utilisés par une seule personne pendant plusieurs saisons. Les tanières sont choisies dans une variété d'endroits. Ils peuvent se trouver dans de vieilles bûches creuses ou au pied d'arbres éviscérés par le feu. Certains se trouvent dans des crevasses parmi d'énormes rochers, d'autres dans des grottes. La principale préoccupation semble être de trouver un endroit abrité du vent et de la neige. Si le sol est recouvert de copeaux ou de feuilles, tant mieux. C'est généralement le cas, soit à cause des courants d'air qui entraînent la chute des feuilles, soit à cause du travail des rats des bois qui déposent beaucoup de détritus dans de tels endroits. Les ours se recroquevillent sur le sol et après les premières fortes chutes de neige, plus rien ne marque l'endroit. Dans le cas d'une petite tanière, comme une cavité au pied d'un arbre, un trou d'air peut se former dans la dérive due à la chaleur de la respiration de l'animal.

Les petits naissent à la fin de l'hiver. Au nombre de un à quatre, ils sont incroyablement petits à la naissance. Ils se développent assez lentement et, au moment où la famille sort de la tanière, ils mesurent environ 18 pouces de long. Les oursons peuvent tous être d'une seule couleur ou certains peuvent être bruns et d'autres noirs. L'ours mâle ne participe pas à l'éducation de la famille ; en effet, il est chassé de la scène par la mère en colère, s'il s'approche de trop près. Elle a toute la responsabilité d'élever la famille, et une période bien remplie est assurée avec des jeunes aussi espiègles et insouciants.

L'une des premières leçons apprises par les jeunes oursons est celle de l'obéissance. La mère insiste pour se conformer à chacun de ses ordres et impose son autorité d'une patte lourde. Il est heureux que les oursons soient robustes, car certaines des gifles qu'ils reçoivent au cours d'une journée d'instruction moyenne tueraient un animal moins résistant. Le premier refuge lorsque le danger menace est dans les arbres. Une note de commandement spéciale et une gifle ou deux les envoient se bousculer. Maintenant, les oursons sont à l'écart et les ponts sont prêts à l'action, pour ainsi dire. Les petits resteront dans les arbres jusqu'à ce que la mère leur fasse savoir qu'ils pourraient en descendre. Mais ce n'est pas une période d'ennui pour les jeunes. Grimpeurs experts, ils pratiquent les mêmes jeux et jeux brutaux qu'on s'adonne au sol, sans jamais tomber. Leur confiance dans les arbres est incroyable. Il n'est pas rare de voir un ourson profondément endormi au bout d'une branche de 20 pieds qui se penche sous son poids et se balance au vent. Au fil des mois, les petits commencent à perdre leurs habitudes juvéniles. À l'automne, ils ont accumulé suffisamment de graisse pour passer l'hiver. Ils hibernent généralement avec la mère, puisqu'ils restent avec elle pendant plus d'un an. L'été suivant, ils sont parfaitement capables de prendre soin d'eux-mêmes et la mère les abandonne.

Il est normal, plutôt qu'inhabituel, que les ours noirs se reproduisent seulement tous les deux ans. Les jeunes ne se reproduisent généralement qu'à l'âge de trois ans environ.

Aucun récit sur cet ours ne serait complet sans la mention des soi-disant « arbres à ours ». Il s'agit d'arbres situés aux carrefours, c'est-à-dire à proximité des intersections des sentiers des ours ou autrement bien en vue. Lorsqu'un ours en rencontre un, il se lève et gratte l'écorce avec ses griffes avant aussi haut qu'il peut atteindre. Parfois, il mord aussi l'écorce. Des ours ont été observés frottant les côtés de leurs mâchoires contre l'écorce. On ne sait pas si c'est une façon de laisser leur odeur. On pense que cela pourrait être un moyen de communication avec d'autres espèces, mais cela n'a pas été définitivement prouvé. La plupart des arbres choisis à cet effet dans les montagnes du sud-ouest sont des trembles. Les épais sillons noirs laissés dans l'écorce blanche persisteront jusqu'à la mort de l'arbre. Souvent , ils constituent la seule preuve de la présence d'ours dans la localité.

Une autre coutume que l'on observera très tôt dans l'expérience avec les ours est le grattage qui se poursuit. Cela peut être dû en partie à la présence d'ectoparasites, mais l'ours éprouve une satisfaction si évidente à gratter qu'on sent que cela ne doit être qu'accessoire. Arbres, poteaux, rochers et griffes sont tous employés à cet effet. Certains des arbres les plus petits subissent souvent de graves dommages à cause du traitement qui leur est réservé.

Mon attitude prudente envers les ours est le résultat de mes premières expériences avec eux, allant de l'humour au tragique, et probablement mieux illustrée par un incident survenu près du parc de Yellowstone à la fin des années 1920. J'en étais à mon premier voyage dans les Rocheuses à l'époque et j'ai embauché un travail de construction dans un ranch isolé. Des chevaux étaient utilisés et leurs provisions, y compris une réserve considérable d'avoine, étaient conservées dans une grande tente adjacente à celle dans laquelle dormaient certains des employés. La nuit précédente, un ours avait accédé à la tente de ravitaillement, avait déchiré un certain nombre de sacs d'avoine et gaspillé plus de céréales qu'il n'en avait mangé. Le contremaître, un ancien emballeur du parc , a juré de se venger de l'ours. Ce soir-là, en se couchant, il appuya une petite hache à double tranchant contre l'entrée de la tente. Pendant la nuit, je me suis réveillé alors que le contremaître sortait par l'entrée en sous-vêtements. Une lune partielle jetait une faible lumière sur la scène et révélait le contremaître entrant dans l'autre tente avec la hache à la main. Un court silence fut suivi d'un lourd claquement, d'un énorme grognement et de quelques cris frénétiques. La tente de ravitaillement s'est soulevée violemment, s'est effondrée et s'est ouverte lorsque l'ours s'est précipité dehors et a traversé les bois en direction du ruisseau. Lorsque l'ordre fut rétabli, il apparut que le contremaître s'était approché de l'ours qui lui tournait le dos et l'avait frappé à la croupe de toutes les forces qu'il pouvait avec le plat de la hache. L'élément de surprise était apparemment tout en sa faveur car l'ours surpris s'est précipité directement loin de lui vers l'extrémité de la tente. Bien que dans ce cas-ci aucun blessé n'ait été subi, il a toujours semblé que c'était une chose extrêmement téméraire à faire. Bien qu'il s'agisse de l'un des

événements les plus risibles que j'ai jamais vu, il contenait
également tous les éléments d'une possible tragédie.

Grizzly
Ursus horribilis (latin : un ours... horrible)

AIRE DE RÉPARTITION : Alaska, ouest du Canada et aux États-
Unis, confinée aux hautes montagnes de la ligne de partage des
eaux continentales jusqu'au nord du Nouveau-Mexique.

HABITAT : Hormis dans les zones des Parcs Nationaux, les grizzlis
sont rarement observés, car ils ne fréquentent que les endroits les
plus isolés des montagnes ; Zone de vie de transition et
supérieures.

DESCRIPTION : Le plus grand carnivore du Sud-Ouest. Se
distingue facilement de l'ours noir par la bosse proéminente sur
les épaules. Longueur totale 6 à 7 pieds. Queue si courte qu'elle
est imperceptible. Hauteur aux épaules 3 à 3½ pieds. Poids 325 à
850 livres. La couleur des grizzlis du sud-ouest est variable, allant
du brun jaunâtre au presque noir, mais présente un effet
grisonnant caractéristique causé par les poils à pointe blanche
dispersés dans la fourrure. Ceci est particulièrement visible le long
du dos. Le grizzli, bien que massivement bâti, donne une
impression de maigreur. Les épaules sont plus hautes que les
postérieures, donnant à l'animal une apparence profilée. La tête
est grande et ronde avec un museau carré et incliné. Les pattes
sont extrêmement puissantes, les pieds grands et dotés de
formidables griffes, celles des pattes avant mesurant jusqu'à 4
pouces de long. Les jeunes seront au nombre de un à trois, deux

étant le plus courant. Les grizzlis se reproduisent tous les 2 ou 3 ans.

Aux États-Unis, aucun mammifère n'est probablement plus susceptible de disparaître prochainement que ces grands ours. De nombreux facteurs contribuent à cet objectif, les principaux étant le faible taux de reproduction et la diminution rapide de son aire de répartition en raison de l'augmentation de l'élevage et de l'agriculture. Chassé de ses anciens repaires, l'espèce se trouve désormais principalement dans les rares zones où elle est strictement protégée. Il semble extrêmement improbable qu'il puisse survivre longtemps à cette réduction de sa portée autrefois illimitée. C'est le point culminant d'un programme de destruction mené contre le grizzli depuis la pénétration de l'homme blanc en Occident. Elle fait suite à la disparition d'autres ours, moins connus, qui vivaient à cette époque dans le Sud-Ouest.

Lorsque les hommes des montagnes sont arrivés dans l'Ouest entre 1800 et 1850 , ils ont trouvé un énorme ours de couleur claire errant sur les contreforts du pays désertique. Faute d'un meilleur nom, ils l'appelèrent « l'ours gris ». D'après les récits de cette époque , on suppose maintenant qu'il s'agissait d'un grizzly ; en tout cas, on disait qu'il était extrêmement féroce, un trait qui a conduit à sa chute. En l'espace d'environ 70 ans, cet animal a été découvert, chassé et exterminé, le tout sans qu'aucun spécimen d'aucune sorte ne soit conservé. Aujourd'hui, il ne reste aucune trace de ce grand prédateur. Son sort illustre le résultat habituel du contact entre un animal dangereux et hautement spécialisé et l'homme. La question qui se pose est la suivante : devrait-on un jour accorder à un groupe d'hommes un tel contrôle sur une nature sauvage qu'il soit capable d'exterminer la faune et la flore au détriment des générations suivantes ? La réponse semble évidente si l'on considère que « nous ne faisons que détenir ces choses en fiducie ».

Grizzly

De nombreuses espèces de grizzlis sont reconnues par les taxonomistes, mais peu d'entre elles sont encore vivantes aujourd'hui. Aux États-Unis, seuls le Nouveau-Mexique, le Colorado, l'Utah, le Wyoming, le Montana et l'Idaho abritent encore certains de ces gros animaux. Dans certains autres États occidentaux , ils ont récemment disparu. On pense que la Californie a perdu son dernier grizzly en 1925. Les quelques survivants sont probablement tous des espèces *horribilis* . Étant donné que le pays des grizzlis est également le pays de l'ours noir, le profane peut avoir du mal à identifier les deux espèces. Quelques différences importantes facilitent l'identification.

La première et la plus visible marque de terrain est la bosse proéminente de l'épaule du grizzli. L'ours noir mâle développe parfois avec l'âge une bosse sur l'épaule, mais elle ne peut pas être comparée à celle du grizzly. Deuxièmement, le grizzly a ce qui a été décrit comme une face en forme de « plat » ; c'est-à-dire une concavité dans la forme générale du devant du visage, tandis que l'ours noir développe un nez nettement « romain ». Troisièmement, les griffes du grizzli sont deux fois plus longues que celles de l'ours noir ; c'est plus visible dans les pistes. Si l'on est suffisamment proche pour voir cette caractéristique sur le

terrain, il est probablement trop proche pour être en sécurité !
Enfin, l'attitude des deux espèces l'une envers l'autre lorsqu'elles
se rencontrent sur un terrain commun est caractéristique. En règle
générale, l'approche d'un grizzly vers une décharge suffit à mettre
en fuite tous les ours noirs. Il n'y a pas de mélange des deux
espèces ; le grizzly est le maître et l'ours noir ne contestera pas son
autorité.

Dans la plupart de ses habitudes, le grizzly ressemble à l'ours noir.
Il est omnivore au même degré, mais un peu plus prédateur. Il
entre également en hibernation pour l'hiver et les petits naissent
pendant cette période d'inactivité. Ils reçoivent la même
formation rigoureuse que celle accordée à leurs cousins noirs et,
comme eux, sont capables de grimper dans les arbres et de se
mettre à l'abri. En vieillissant, cette capacité leur laisse la
croissance de longues griffes, et les grizzlis adultes sont censés
être incapables de grimper. Sur un certain point, le grizzli diffère
non seulement de l'ours noir mais aussi de la plupart des autres
mammifères indigènes. Il n'a jamais appris à craindre l'homme au
même degré que les autres créatures.

La question de savoir si l'attitude belliqueuse du grizzli vient de la
peur ou du mépris reste sans objet. Le point important à retenir
est qu'un grizzly doit être évité à tout moment. Les blessures
subies par les humains lors de leurs contacts avec les ours noirs
sont généralement accidentelles plutôt que le résultat d'une
agression délibérée de la part de l'animal. On sait que les grizzlis
chargent sans autre provocation que de pénétrer dans ce qu'ils
considèrent comme leur territoire. Le public peut sûrement se
permettre de faire plaisir à ce géant irascible. Un peu de
considération pour sa nature irritable n'est pas un prix trop élevé
à payer pour son existence continue parmi notre nombre
rapidement en diminution de grands carnivores.

Musaraigne vagabonde
Sorex vagrans (latin : une musaraigne... errante)

RÉPARTITION : Confinée aux montagnes de l'ouest des États-
Unis et du Canada, ainsi que du nord et du sud du Mexique.

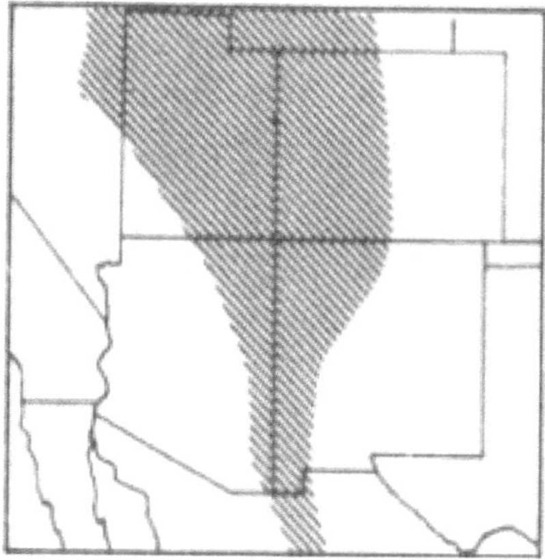

HABITAT : Lieux humides dans les forêts des Zones de Vie de Transition et supérieures.

DESCRIPTION : Une petite créature avec un long nez. Longueur totale 4 à 5 pouces. Queue 1½ à 2 pouces. Couleur brun rougeâtre à noir dessus avec côtés ternes et éclaircissant au gris dessous. Queue indistinctement bicolore sauf la dernière moitié qui est sombre sur tout le pourtour. Tête ronde et se rétrécissant en un nez long, pointu et quelque peu flexible. De longues moustaches se trouvent sur les côtés de la mâchoire supérieure. Yeux et oreilles si petits qu'ils sont difficiles à voir. On sait peu de choses sur les habitudes de reproduction des musaraignes. On dit que la musaraigne vagabonde se reproduit à tout moment de l'année et qu'elle a de 5 à 11 petits par portée.

Les musaraignes sont les plus petits mammifères américains. Leur taille et leurs habitudes secrètes se combinent pour en faire l'un des animaux indigènes les moins connus. Ils sont classés comme insectivores, bien qu'ils mangent d'autres petits mammifères ainsi que des insectes. Ils se distinguent des souris par leurs incisives bicuspides et leurs canines modifiées. Une autre différence est que les musaraignes ont cinq doigts, contrairement aux souris à quatre doigts.

musaraigne vagabonde

À notre connaissance, certaines espèces de musaraignes sont les seuls mammifères venimeux. La grande musaraigne à queue courte (est des États-Unis) possède dans sa salive une substance toxique qui permet de maîtriser certains des animaux qu'elle capture. On pense que certaines espèces occidentales possèdent également cette particularité. Bien que les musaraignes soient parmi les plus petits animaux connus, elles ne sont pas indûment persécutées par les plus gros prédateurs. On pense que cela est dû en partie à certaines glandes situées sur le corps de la musaraigne qui lui donnent une odeur nauséabonde.

Une caractéristique remarquable des musaraignes est leur besoin constant de nourriture. Comme tous les petits animaux perdent rapidement de la chaleur, ils doivent manger presque constamment pour compenser cette perte. Certaines espèces mangent leur propre poids en nourriture toutes les 3 heures. Une exception remarquable est la musaraigne d'eau, qui peut se passer de nourriture pendant 2 jours sans mourir de faim. Étant donné que la plupart des musaraignes vivent dans ou à proximité de l'eau, elles trouvent suffisamment de nourriture parmi les insectes, les araignées, les ménés et les petits mammifères qui vivent dans les endroits humides. Le groupe est aussi féroce que vorace. La plupart des musaraignes n'hésitent pas à attaquer plusieurs fois des animaux qui les dépassent. On dit que si les musaraignes étaient aussi grosses que les écureuils , elles attaqueraient probablement même l'homme.

Dans les montagnes de l'Utah, du Colorado et du nord du Nouveau-Mexique, la musaraigne de Bendire (*Sorex palustris*) peut être rencontrée. Elle est un peu plus grande que la musaraigne vagabonde et ne sera pas visible loin de l'eau. Gris dessous et noir dessus, il se camoufle à merveille, que ce soit dans l'eau ou sur terre. Comme les autres musaraignes, elle possède de longues moustaches appelées vibrisses. Les musaraignes terrestres utilisent ces moustaches comme organes tactiles pour les aider à suivre le labyrinthe sombre de leurs pistes. On pense que les musaraignes aquatiques les utilisent comme organes sensoriels à la place des yeux pour poursuivre les menés, les têtards et les punaises d'eau qu'elles mangent. En fait, la musaraigne d'eau ressemble à une grosse punaise d'eau lorsqu'elle se précipite sous la surface, entourée de bulles d'air argentées emprisonnées dans sa fine fourrure.

Chauves-souris
Ordre *des Chiroptères* (latin : chir , main, et optera , aile)

Le traitement spécial accordé aux chauves-souris dans ce livre ne leur est pas accordé par choix. Cela résulte de l'incapacité de décrire si clairement une ou deux espèces choisies que le profane pourrait être capable de les distinguer de leurs nombreux parents tout aussi intéressants. Si l'on considère que numériquement les chauves-souris peuvent se comparer avantageusement aux oiseaux, qu'il existe un grand nombre d'espèces divisées en de nombreux genres et que la zone de quatre États qui nous intéresse est envahie, pour ainsi dire, par les espèces orientales et septentrionales. , espèces occidentales et mexicaines, en plus d'en avoir plusieurs, il devient vite évident que ce groupe ne peut être décrit ici que de la manière la plus générale. Si certaines superstitions populaires sur les chauves-souris sont ici contredites, il faut espérer que le lecteur trouvera les faits non moins intéressants.

L'adaptation pour laquelle les chauves-souris sont les plus connues est leur capacité à voler. Ce talent spécialisé n'est partagé par aucun autre type de mammifère. Elle est rendue possible par une modification considérable de plusieurs structures du corps, celle des membres antérieurs étant la plus extrême. Les os des membres antérieurs supérieurs et inférieurs sont considérablement allongés, mais ne peuvent pas être comparés à l'extrême allongement des chiffres. La protubérance en forme de griffe à l'avant de l'aile correspond au pouce. La membrane alaire tendue sur les « doigts » est fixée sur les côtés du corps et sur les membres postérieurs jusqu'à la cheville. La plupart des chauves-souris ont une autre membrane alaire, appelée membrane interfémorale, qui relie les deux pattes postérieures et, chez de nombreuses espèces , elle embrasse également la queue. Les membranes des ailes ressemblent un peu à du cuir fin. Un système complexe de vaisseaux sanguins les traverse. Ceux-ci fournissent non seulement de la nourriture à la membrane, mais agissent également comme un radiateur pour refroidir la circulation sanguine pendant le travail physique intense qu'implique le vol. Les principes du vol sont similaires à ceux utilisés par les oiseaux ; c'est-à-dire que les ailes sont partiellement repliées lors de la montée et complètement déployées pendant la descente. Cette manœuvre produit un bruissement bien audible dans le calme d'une grotte. En fait, si des milliers de chauves-souris sont dérangées en même temps, cela devient un faible rugissement.

Le fait que les chauves-souris soient nocturnes, et mènent en même temps une vie aérienne qui les oblige à voler à travers des labyrinthes plongés dans l'obscurité totale, a été à l'origine de nombreuses recherches sur les moyens par lesquels elles peuvent y parvenir. On sait désormais avec certitude qu'ils dépendent d'un système sonar où, en émettant des cris stridents, ils se laissent guider par les échos rebondissant des objets proches. Ces « grincements » varient entre 25 000 et 75 000 vibrations par seconde, ce qui est trop élevé pour que l'oreille humaine puisse les enregistrer. Les sons sont émis à une fréquence allant d'environ 10 par seconde lorsque la chauve-souris est au repos jusqu'à 60 par seconde lorsqu'elle est en vol et entourée des nombreux obstacles que l'on trouve dans une grotte. Aussi fantastique que puisse paraître cette performance, elle s'accompagne d'une théorie selon laquelle de minuscules muscles ferment les oreilles de la chauve-souris à chaque grincement et les rouvrent pour n'entendre que l'écho.

La réponse de leur structure vocale et auditive à cette utilisation spécialisée est vraiment étonnante. Il n'existe pas de visage plus unique dans le règne des mammifères que celui des chauves-souris. La plupart des chauves-souris ont d'énormes oreilles avec des intérieurs striés et canalisés qui ont probablement beaucoup à voir avec l'amplification des sons faibles. Située devant l'oreille se trouve une protubérance étroite et verticale connue sous le nom de tragus. Plus bas sur le visage, dans la région du nez, se trouvent d'autres structures cutanées aux formes étranges, notamment la « feuille du nez ». Jusqu'à présent, les fonctions de ces appendices ne sont pas entièrement connues, mais on soupçonne qu'au moins une partie de leur objectif est de diffuser les grincements le long d'une ligne définie et ainsi d'aider à orienter la chauve-souris dans son environnement. Avec un système de guidage aussi efficace, la chauve-souris n'a que peu besoin d'yeux. L'expression « aveugle comme une chauve-souris » est cependant trompeuse, car la plupart des chauves-souris, malgré leurs yeux relativement petits, voient plutôt bien.

Étant donné que la plupart des chauves-souris du sud-ouest sont insectivores, à l'exception de quelques espèces le long de la frontière mexicaine qui sont considérées comme des frugivores, la question se pose de savoir comment elles existent pendant les mois d'hiver, lorsque les insectes ne sont pas présents. Il existe deux méthodes courantes par lesquelles les animaux évitent une telle période de soudure : la migration et l'hibernation. Les chauves-souris emploient les deux. On pense que certaines espèces volent aussi loin vers le sud que l'Amérique centrale. D'autres se regroupent dans des grottes et restent dans une profonde torpeur tout l'hiver. Dans cet état d'inactivité, la température de leur corps peut chuter à un degré près de celle de leur environnement, et leur taux de métabolisme tombe parfois jusqu'à un dix-huitième de celui pendant les périodes d'activité. En règle générale, les chauves-souris préfèrent un endroit frais pour hiberner, car plus la température est fraîche, plus le métabolisme est lent. Des températures corporelles aussi basses que 33,5° F. ont été enregistrées chez des chauves-souris en hibernation. La température ne doit pas descendre en dessous de zéro, sinon les animaux périront. Pendant cette période d'inactivité, on sait que les chauves-souris perdent jusqu'à un tiers de leur poids.

En raison de leurs habitudes secrètes et de leurs périodes d'activité nocturne, les chauves-souris ont peu d'ennemis autres que l'homme, capables de faire une sérieuse incursion dans leur population. Par conséquent, le taux de natalité est assez faible chez la plupart des espèces. Beaucoup n'ont pas plus d'un petit chaque année ; et la chauve-souris rousse, qui porte jusqu'à quatre petits, semble être la plus prolifique des États-Unis. Il existe une grande variété dans les méthodes utilisées par les différentes espèces pour prendre soin de leurs jeunes. Certaines mères laissent leurs bébés suspendus au toit de la grotte pendant qu'elles partent à la recherche de nourriture la nuit ; d'autres portent les petits en s'accrochant fermement à leur fourrure. Les jeunes mûrissent vite. Ils sont généralement capables de voler un mois après leur naissance.

Malgré de nombreuses études scientifiques récentes, les chauves-souris restent parmi les créatures les moins connues. Leur régime insectivore les rend certainement d'une grande importance pour l'homme. Au-delà de cela, leur nombre immense indique qu'au plan écologique, ils doivent avoir une énorme influence sur n'importe quelle région dans laquelle ils vivent.